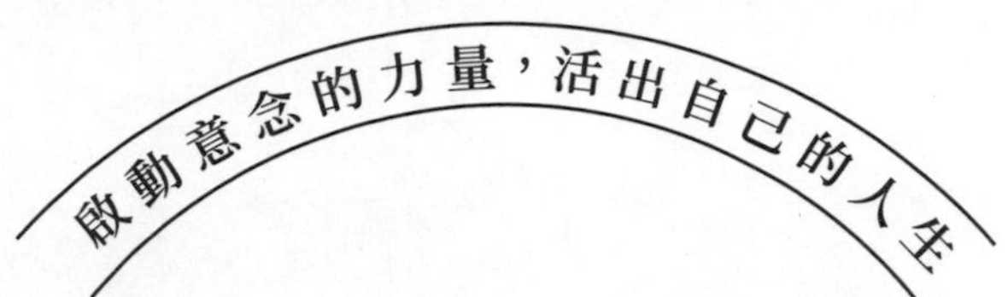

365天思考致富

NAPOLEON HILL
拿破崙・希爾

歷經 25 年研究・訪談 500 成功人士・淬鍊出 13 條成功致富法則

THINK *and* GROW RICH

蔡仲南、謝宛庭、劉大維——譯

365天思考致富／目錄

第15章 戰勝六種恐懼的幽靈

『出版序』你最想要的是什麼呢？豐盈人生從不以金錢定義

是金錢、名聲、權勢、快樂、自在個性、心靈滿足？還是平靜呢？

凡是在生活中，仍在尋找著人生目標的人，本書提供的十三個成功致富法則都能為你提供有史以來最快、最可靠的捷徑，幫助你早日達成你的個人成就。

在開始閱讀本書之前，我想說的是：**這不是一本娛樂休閒書**，你不可能在一週或一個月就精通。

身為全美知名的工程顧問，同時也是大發明家湯瑪斯．愛迪生長期事業夥伴的米勒．里瑟．哈奇森，在仔細閱讀本書後說：

「這本書並不是一本小說，而是一本成功學講義，直接研究美國有史以來所有最成功人士的成功經驗。這本書應該認真看待，並且反覆思量、細細咀嚼，一個晚上最多讀一章就好。讀者要將印象深刻的句子都做上記號，以便之後再翻回去複習。**眞正有心要學會這套道理的人，不會只是瀏覽而已**，更會將這本書的內容內化成自己的東西，付諸行動。這門學問應該被全國所有的高中採用，列為考試項目，考不到理想分數的學生不論性別都不能畢業。雖然這不會取代學校既有的其他學習科目，卻可以教導學生如何**組織**及**應用**學會的知識，他們將能提供有價值的服務，得到合理的報酬，不必浪費時間。」

紐約市立大學的院長約翰．特納博士在讀完這本書之後說道：

「能將這本書的成功學完整證明的最佳實證，就是你的兒子布萊爾啊！他那戲劇性的人生已寫在〈渴望〉一章。」

特納博士所提及的正是作者的兒子，儘管他出生時就被發現有聽力問題，但卻透過運用這本書中的成功法則逆轉人生，不僅沒有成為聾啞人士，甚至還將他先天的障礙轉化為無價的個人資產。讀完他的故事之後，你將能習得一門幫你賺錢的哲學，也可以立即為你帶來心靈的平靜、人生的理解以及精神的和諧，甚至在某些情況可以承繼作者兒子的例子，靠著本書的法則幫助自己克服先天的生理缺陷。

作者親自分析數百位成功人士後，發現**所有**成功人士都有一個習慣，就是彼此會交換意見、討論想法，這就是所謂的**開會**。當他們有問題需要解決時，他們就會比肩而坐，盡情抒發自己的意見，直至腦力激盪出解決問題的答案為止。

如果你透過實踐書中所提及的「智囊團」法則，就能夠獲得最大的效益。你可以效法成功人士，組成一個讀書討論會，人數不拘，邀請志同道合的人們一起參加。讀書會應該定期舉行，最好是每週一次。每次的會議流程，首先朗讀本書的一個章節，接著讓所有人自由討論。每個人都應該記筆記，將**所有個人想法**記錄下來。在每次開會共讀之前，所有人應該在前幾天就預習好當天的章節，自行分析內容，以便在讀書會上參與討論。讀書會當天，可以挑選朗誦的人，由聲音抑揚頓挫、並能將字句賦予感情的人來唸。

只要按照這樣的方式進行，所有人從這本書中得到的不僅是數百位成功人士的成功經驗，**更能爲自己的心智開啓新的知識泉源，以及學會在場其他人的無價知識**。

只要你**持續不懈地**照著計畫執行，必定能發現及運用這個成功的祕密，鋼鐵大王安德魯．卡內基就是靠它獲得鉅額的財富。

這本書傳達了五百多名富豪的人生經歷，他們白手起家，除了**想法**、**點子**和**有組織的計畫**之外，沒有任何東西可以換取財富。

在這裡，你可以看到完整的致富哲學，它是根據過去五十年來美國人民所熟知、最成功人士的實際成就所淬鍊而來，告訴你致富要**做什麼**，以及**如何做**！並提供了有關**如何行銷個人服務**的完整說明。

它為你提供了一個完美的自我分析系統，揭示到底你過去和「賺大錢」之間有什麼卡住了。

它描述著名的美國鋼鐵大王安德魯．卡內基個人的成功公式，這個公式為他帶來了數億美元的財富，不少向他請教致富祕密的人都因此也成了百萬富翁。

也許你不需要本書所寫的東西——本書研究的五百名成功人士也不需要——但你可能需要一個**想法**、**計畫**或**建議**，而你會在書中某處發現它們，幫助你開始邁向你的目標。

這本書的靈感來自退休的億萬富豪安德魯．卡內基，他向作者透露了何以致富的驚人祕密，後來，另外五百多位富豪也向作者透露了他們的致富法則。

本書的十三條成功致富法則，是每一位追求財富獨立的人不可或缺的。據估計，作者在下筆寫這本書之前，花了二十五年的時間努力研究，他所投入的成本遠超過十萬美金！（編按：以當時幣值計算。）

此外，書中所講授的心法也不可能以任何代價被複製，因為傳授這些心法的五百多位富豪中有一半以上的人已經不在人世了。

此外，**財富無法老是以金錢來衡量**！

金錢和物質對於身心的自由是不可或缺的，有些人會覺得最偉大的財富只能用恆久的友誼、和諧的家庭關係、商業夥伴之間的同理和瞭解，以及內省的和諧來衡量，它們帶來了只有在精神價值上才能衡量的內心平靜！

所有閱讀、理解和應用本書致富哲學的人，更能準備好吸引和享受這些更高層次的精神資產——這些向來為大多數人所拒絕，除了那些**準備好迎接**它的人。

因此，當您將自己完全臣服於本書致富哲學的影響下，請準備好去體驗一種即將**改變的生活**，它不僅幫助你以和諧與理解的心態看待自己的人生，更可以幫助你準備好迎接更為豐盛富足的人生。

『作者序』　你準備好接收致富的祕密嗎？

我在這本書的每個章節都會不斷提及致富的祕密，這個祕密是我長年研究剖析五百多位富豪的成功經歷進而確定的。

約在二十五年前，我因為安德魯·卡內基而注意到這個祕密。我那時年紀尚輕，這位聰明睿智又平易近人的蘇格蘭老人不經意地將這個祕密告訴我，接著他身子往椅背靠著，目光炯炯地注視著我，想看我有沒有領悟這個祕密的慧根。

當他發現我已掌握要義之後，便問我是否願意花上二十多年的時間將這個祕密公諸於世，傳授給所有不如意的人們，讓他們能扭轉失敗的人生。我回答願意後，於是就在卡內基先生的幫助下，得以堅守承諾。

這本書記載的祕密法則是經過好幾千人的實際驗證歸納而成，而這套法則適用於各行各業。卡內基先生希望讓所有無暇研究賺錢的人們能夠因其受惠。他也希望我能透過各行各業人士的經驗，檢驗這個致富法則是否真的有效。他相信這個法則應該被所有公立學校和大專院校納入課程，還說如果能有效地闡述箇中道理，那麼將會革新整個教育體系，至少幫助學生縮短一半的上課時間。

卡內基先生從鋼鐵大王查爾斯．施瓦布的創業經歷以及與施瓦布有類似特質的年輕人之致富過程，斷定學校所教的大部分內容都與賺錢或累積財富沒有什麼關係。卡內基先生之所以這麼肯定，是因為他已經帶領過無數年輕人開創事業，這些人大多數沒讀過什麼書，僅將這套法則傳授給他們，最終個個都成為具有領導才能的珍貴人才。此外，在卡內基先生的帶領之下，所有追隨他的人都獲得了無盡的財富。

在第三章〈信念〉，你將會讀到這個令人驚嘆的傳奇故事，也就是赫赫有名的美國鋼鐵公司居然是出自一名年輕人的構想。這是最好的佐證之一，卡內基先生的成功之道確實可以幫助任何準備好的人成功致富。單是運用這個簡單的祕密，就為年輕的施瓦布帶來了大量的財富與機會，他所賺的金錢粗估大約有六億美元！

這些事蹟只要是認識卡內基先生的人都一定聽過，並且告訴你這本書能帶給你什麼樣的收益。但前提是，你必須得知道自己想要追求的是什麼才行。

其實這個法則早在我歷經二十年的驗證之前，就已經傳授給成千上萬的人了。這些人都如卡內基先生所料，透過該法則獲得了各自的成功。有些人因此致富，有些則創造了和諧美好的家庭。更有位牧師善用這個法則，為自己帶來高達七萬五千美元的年收入。

俄亥俄州辛辛那提有位裁縫師亞瑟．納什，拿他瀕臨倒閉的事業當作「白老鼠」，測試這個祕密是否真的有效。結果他的事業起死回生，為股東帶來了可觀的財富。儘管納什如今已不在人世，但他的事業仍在蓬勃發展中。由於這個經驗實在太過奇特了，引起報章雜誌的爭相報導與讚譽，等於為納什的事業免費打廣告，估計宣傳效益在當時就超過了百萬美元。

德州達拉斯的史都華．奧斯丁．威爾也曾獲知這個祕密。他不僅已經準備好了，還毅然決然地捨棄了當下的職業，開始攻讀法律。最後的結果呢？本書也有詳細的記載。

在詹寧斯．倫道夫大學畢業那天，我將這個法則告訴他。因為他妥善地運用，目前已連任三屆國會議員，只要他持續運用這個法則，將有大好機會能問鼎白宮。

我曾在芝加哥的拉薩爾進修學院還鮮為人知的時期擔任過該校的行銷經理，有幸親眼見證當時的校長傑西．格蘭特．柴普林善用該法則辦學有成，使其成為國內數一數二的進修學院。

這個祕密在本書中將會提及不下百次，但到目前為止，我並沒有給它一個明確的名稱，因為這個祕密似乎讓有心尋求且準備好的人自行領悟更能發揮效用。我想這也是為什麼卡內基先生當年傳授我這個祕密時，不曾明講具體名稱的原因。

任何準備好接收這個祕密的人，在本書的每個章節都會發現它，至少認出一次以上。我真希望有幸能親自告訴你這個祕密到底是什麼，但是這樣一來，將會犧牲了讓你自行領會的好處。

當在撰寫這本書時，我大學即將畢業的兒子偶然讀了第二章草稿，就發現了這個祕密。他後來靠著妥善運用它，馬上得到一份關鍵要職，起薪超過一般人的平均薪資。這件事在第二章會再提及。你可能在讀到他的故事時，心裡過去曾有的一些情緒將會開始慢慢消散。如果你過去曾歷經艱難與失敗，意志消沉，覺得人生無望，甚至遇上無法克服的難關，覺得已被逼到人生的盡頭，不論是人生當中的各種困境，或是生理疾病，或先天殘缺，我兒子妥善運用卡內基法則的故事一定能在你多年來早已絕望的心靈沙漠中，找到一片你一直渴望尋得的「希望綠洲」。

這個祕密法則在世界大戰期間，被美國總統伍德羅・威爾遜廣泛運用。他將該祕密巧妙地融入到士兵訓練之中，讓他們在上前線打仗前都學會了它。威爾遜總統告訴我，這個祕密也對籌措戰爭資金大有成效。

約在二十多年前，曼紐・路易斯・奎松是菲律賓派往美國國會的常駐專員，他受到這個祕密的啟發，進而為菲律賓爭取自由，最後被譽為「菲律賓國父」，是當地人普遍認定的第一任菲律賓總統。（譯註：奎松實際上是菲律賓第二任總統，但因爲他是第一個領導美國政府管轄的菲律賓聯邦，所以通常被稱爲菲律賓第一任總統。）

有趣的是，任何人一旦得知這個祕密，並加以妥善運用，都能不費吹灰之力獲得成功，從此與失敗絕緣。如果你不相信，就去查看本書中所有透過這個祕密而成功的實例。

當然，天下沒有不勞而獲的事！

想要取得這個祕密是有代價的，幸好要付出的代價遠少於它所能帶來的價值。但這個祕密花再多的金錢也買不到，必須自己用心追尋才行。這個祕密不是免費奉送，也不能花錢購買。想要得到它，你必須要將自己準備好，因為這個祕密是由兩個部分組成，其中準備好的人已具備了第一部分。

這個祕密從不偏心，對準備好的人一視同仁，跟你的教育程度無關。早在我出生之前，愛迪生就已經發現了這個祕密，妥善地運用它，使他成為世界著名的大發明家。但別忘了，愛迪生只受過三個月的正規教育而已。

這個祕密也傳給了愛迪生的事業合夥人愛德溫・巴恩斯。他因為妥善運用它而獲得鉅額金錢，從一萬兩千美元的年薪，後來竟累積了大量財富，且在事業正興盛之時，就風風光光地宣布退休了。他退休時，還是一名仍享有大把青春歲月的年輕小夥子，你會在本書第一章讀到他的故事。他能讓你相信：任何人只要將自己準備好了，下定決心得到財富、名聲、地位及幸福時，都能達成心中渴望的任何目標。

至於我是怎麼知道這一切呢？你在讀完這本書之前，應該就會找到答案了。答案出現的時機因人而異，或許會在第一頁就明瞭，也可能在最後一頁才出現。

我遵照卡內基先生的約定，進行了長達二十年的研究工作，分析數百位知名人士，當中許多人表示他們都是透過卡內基先生的祕密之助，從而累積了巨大的財富，這些人包括：

福特汽車創辦人	亨利・福特
箭牌口香糖創辦人	威廉・韋里格利二世
百貨公司之父	約翰・沃納梅克
鐵路大亨	詹姆斯・希爾
派克筆公司創辦人	喬治・派克
旅館業大亨	艾斯華思・史塔特勒
石油鉅子	亨利・達赫蒂
柯蒂斯出版社創辦人	賽勒斯・柯蒂斯
柯達公司創辦人	喬治・伊士曼
嘉信銀行創辦人	查爾斯・施威勃
海軍陸戰隊英雄	哈里斯・威廉斯
教育家	弗蘭克・岡紹魯斯博士
鐵路公司總裁	丹尼爾・威拉德
吉列刮鬍刀創辦人	金・吉列
美國總統	西奧多・羅斯福
政治家	約翰・戴維斯
作家	阿爾伯特・哈伯德
飛機發明家	威爾伯・萊特
美國國務卿	威廉・布萊恩
教育家	大衛・喬丹博士
肉品包裝業大亨	喬納森・阿莫爾
報社編輯	亞瑟・布里斯班
美國總統	伍德羅・威爾遜
美國總統	威廉・塔虎脫
普立茲獎得主	愛德華・博克
園藝家	路德・貝本
報社雜誌商	弗蘭克・芒西
律師	艾伯特・凱理

客運公司老闆	雷夫・維克斯
大法官	丹尼爾・萊特
石油大亨	約翰・洛克斐勒
發明家	湯瑪斯・愛迪生
花旗銀行總裁	弗蘭克・范德利普
伍爾沃斯超市創辦人	弗蘭克・伍爾沃斯
航運大亨	羅伯特・多拉
富商	愛德華・菲林
愛迪生事業合夥人	愛德溫・巴恩斯
律師	克拉倫斯・丹諾
電話發明家	亞歷山大・貝爾博士
作家	約翰・帕特森
慈善家	久武利厄斯・羅森沃德
律師	史都華・威爾
牧師	弗蘭克・克萊恩博士
教育家	喬治・亞歷山大
拉薩爾進修學院創辦人	傑西・柴普林
國會議員	詹寧斯・倫道夫
裁縫師	亞瑟・納什

以上這些人僅代表了數百位成功人士的一小部分，他們不論是在財富或其他方面的成就都能證明：任何人只要理解及運用卡內基的祕密，就必定能達到人生的高峰。我從未看過任何人在妥善運用這個祕密後，結果卻無法在自己所選的領域裡出類拔萃的；我也從未看過任何人在任何情況下成功或致富，卻不諳這個祕

密。基於上述兩項事實，我得出的結論就是：這個祕密是掌握個人命運的必要知識，遠比任何人在學校所受的「教育」都更加重要。

到底教育是什麼？這個問題的答案，在本書也有詳盡的說明。

就學校的教育來說，那些上學讀書的人其實學到的東西並不多。約翰．沃納梅克曾告訴我，他沒受過什麼學校教育，他學習的方式基本上跟蒸汽火車補水的方式很像，是在行進過程中補水。換句話說，他是「在做中學的」。亨利．福特從沒讀過高中，更不用說大學了。我在這裡不是要貶低學校教育的價值，而是想闡述：任何人不管他們的學校教育程度有多低，只要能夠妥善運用這個祕密，就一定能達到人生的高峰、成功致富，或是奪回人生的主導權。

如果你已經將自己準備好了，在閱讀本書的過程中，我提及的這個祕密會在任何時刻自行從書本跳出來在你面前呈現。當它出現時，你一定能辨認出來。不論你是在第一章或最後一章才捕捉到它，當它到來時，請你為它駐足片刻仔細思考，因為這將會是你最重要的人生轉捩點。

我們接著要進入第一章了，就要來談談我這位親愛的朋友，他大方坦白這個玄妙的法則確實在面前出現過，而他的事業成就更足以證明自己好好把握、駐足思考。在你閱讀他和其他人的故事時，請記住這些人當時都面臨著人生難題，這是人之常情，也是人生百態。有的人努力地維持生活，有的人努力地尋求希望、勇氣、滿足或心中的平靜，抑或想要致富、享受人生與靈魂的自由。

在你閱讀本書的過程中，請你記住將讀到的是一個個實例，而非虛構的故事。本書的目的是傳達一個普世的美好真理，讓所有已經準備好學習的人不僅能學到自己「要做什麼」，更能學到「如何去做」，以及幫助他們踏出第一步所需的動力。

最後，在我們開始閱讀第一章之前，請容我給你一個小小的建議，好讓你能在過程中辨認出卡內基的祕密：所有成就和一切財富，都是從一個想法開始！如果你已經將自己準備好了，那麼你就已經擁有這個祕密的一半了，而另一半在到達你心中時，自然能辨認出它。

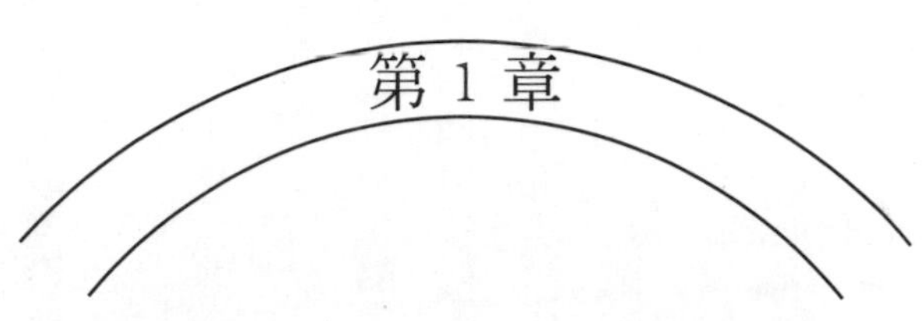

第 1 章

意念顯化實相

憑著「意念」成為愛迪生的合夥人

沒騙你，「意念顯化實相」是千真萬確的！尤其當意念結合明確的目標，加上毅力與**熱切的渴望**，它的威力就會更加強大，足以轉化成財富或其他物質。

「流浪漢」如何成為發明家的合夥人？

約莫在三十幾年前，愛迪生的事業合夥人愛德溫．巴恩斯，發現了一個人能以**思考致富**的真理。他的成就並非一蹴可幾，而是一點一滴逐漸實現，就是從「一定要成為愛迪生的事業合夥人」的**強烈渴望**開始。

巴恩斯的渴望有個主要的特色，就是**明確**。巴恩斯很清楚知道自己要的是**與**愛迪生共事，而非只是**爲**他工作。仔細觀察巴恩斯如何將他的**渴望**化為實相，你將更能明白本書十三個成功致富法則的箇中道理。

當這樣的**渴望**或意念的衝動首次在巴恩斯心中出現時，他其實還沒有實現它的能力。當時巴恩斯面臨了兩個難題：第一，他根本不認識愛迪生；其次，他連去新澤西州橘郡拜訪愛迪生的火車票錢都沒有。

想必這樣的阻礙就足以讓大部分人打了退堂鼓，但巴恩斯的渴望是那麼不同凡響，可沒那麼容易放棄！他最後搭上了密不通風、不見天日的「貨運列車」通往橘郡。（這種列車是載貨用的，意味著沒有窗戶，只有一個車門，可想而知是相當不舒服的。）

巴恩斯想盡辦法來到了愛迪生的實驗室，一見面就信誓旦旦地表明自己是來跟偉大的發明家愛迪生合作的。多年後，愛迪生在談到與巴恩斯第一次見面的情景時，說道：「他站在我面前，看起來就跟個流浪漢沒兩樣，**但他臉上的神情傳達了一種志在必得的決心**。我從多年來與人交流的經驗發現，當一個人內心真正**渴望**一件事，願意孤注一擲賭上自己的人生，那麼不論他想要的是什麼，都必定能成功。於是我答應給他機會，因為**我看出他的心意相當堅定，是不達到目的絕對不會罷手的**。後來事實證明了我的眼光沒錯。」

顯然，年輕的巴恩斯事業得以有了好的開端，靠的不是外表，而是**他表現的意念**。愛迪生自己也這麼說過！年輕人的模樣並不是進入愛迪生公司的加分條件，反而對他不利。重要的是，巴恩斯展現的**意念**。

要是上面這句話的意義能妥善傳達到每個讀者心中，那麼這本書的後續就可以不用再寫了。

巴恩斯並不是與愛迪生第一次見面時，就馬上成為他的合夥人。他得到的是在愛迪生公司任職的機會，領著微薄的薪水，做著對愛迪生來說是無關緊要的低等職位，不過這份工作卻為巴恩斯帶來大好機會，得以向他夢想的「合夥人」展現他得的「銷售能力」。

幾個月過去了。顯然巴恩斯朝著他心中的**明確主要目標**並沒有太多的進展。但他的心中有了重要的變化，他更加堅定自己想要成為愛迪生事業夥伴的**渴望**。

心理學家說得沒錯，「當一個人真的準備好要做一件事時，這件事就會自然地來到他的面前。」巴恩斯已經準備好要成為愛迪生的合夥人，不止如此，他還**下定決心堅持到底，直到獲得他想追求的事情爲止**。

他並沒有對自己說：「算了，這樣有什麼用呢？我還不如改變主意，去找份業務的工作來做。」而是對自己喊話：「我來這裡就是為了要與愛迪生共事，就算要付出我的餘生也在所不惜。」**他是玩眞的！**一個人若能有這樣**明確的目標**，並且為了目標誓死不休，那麼他的人生光景必定截然不同。

或許當時年少的巴恩斯還不知道這番道理，但他過人的決心以及堅守唯一**渴望**的毅力必定能為他突破萬難，迎來他夢寐以求的機會。

當機會來臨時，卻和巴恩斯預期的形式和方向截然不同。這是機會捉弄人的招數之一。機會往往是從後面溜進來，更常常加以偽裝，以遭逢不幸或一時挫折的樣子出現。或許就是這樣，許多人都認不清機會的真面目，以致擦肩而過。

那時，愛迪生剛剛設計了一款最新的辨公室設備，起初叫做「愛迪生口述機」，現在改名為「愛迪風」。他公司的業務員都對銷售這台機器表現出興趣缺缺的樣子，覺得這東西肯定不好賣。但巴恩斯看出他的機會了，這個機會就悄悄地躲在這台只有巴恩斯和愛迪生感興趣的奇怪機器裡。

巴恩斯篤定自己能讓這台機器大賣，於是向愛迪生毛遂自薦，並且很快抓住機會。結果，這台機器果然賣出去了。事實上，因為賣得太好了，愛迪生就與巴恩斯簽訂總代理合約，讓他將這台機器行銷全美。這段事業合夥流傳成了這段佳話：「生於愛迪生之手，興於巴恩斯之手。」

他們的合夥關係就這樣維持了三十多年。不僅為巴恩斯帶來了許多財富，更讓巴恩斯得以印證某件更偉大的事：他證明了一個人真的能「思考致富」。

這個為巴恩斯帶來巨大成功的原始**渴望**，究竟後來值多少錢呢？我認為價值是無法精確估算的。或許這為他帶來了兩、三百萬的金錢財富，但是龐大及無法估計的是他獲得的知識資產：他實際運用了已知的法則，知道**一個無形的意念衝動可以轉化爲實質的報酬**。

巴恩斯確實憑著自己的**意念**，使他成為偉大發明家愛迪生的合夥人！他是憑著意念致富的。巴恩斯起初一無所有，只是**清楚知道自己想要的是什麼，以及堅**

守這份渴望直到實現爲止。

他一開始時身無分文，只受過一點教育，毫無人脈可言，唯一憑藉的就是心中有明確的目標，以及信念和堅持到底的意志。靠著這些無形資產的力量，就**讓自己**成為了有史以來最偉大的發明家的王牌合夥人。

接下來，我們再來看看另外一個例子，瞭解一個富貴在即、前途光明的人卻錯失了機會，**因爲他**在最後關頭的三英尺前，**放棄**了追求他的目標。

距黃金只差三英尺

失敗最常見的原因之一就是因為一**時挫敗**而輕易放棄。每個人或多或少都犯過這種錯誤。

達比（R. U. Darby）的叔叔在淘金熱潮的年代也趕上那股「淘金熱」，到美國西部去實現**滔金致富**的發財夢。沒人告訴他：「**腦袋裡能挖到的黃金比從土地挖的更多**。」他取得了一塊地後，拿起鋤頭、鏟子就開挖起來。儘管過程艱辛，但他心裡對黃金的渴望卻更加堅定。

經過幾個星期的挖掘工作後，他的辛苦總算有所回報，終於發現了閃亮的礦石，但他需要採礦的機器設備才能將礦石挖出。於是，他悄悄地把礦石埋藏起來，回到他位於美國東部馬里蘭州威廉斯堡的老家，告訴親戚與幾個鄰居這個「重大發現」。大家湊足了錢，買了機器，將它運過去。而達比就跟著叔叔回去挖礦。

接著第一車的金礦出土了，被送往冶煉廠。結果證實他們得到了科羅拉多州最豐富的礦區之一！只要再多挖出幾車金礦，就可以徹底還清債務，坐收享用不盡的巨額財富。

挖礦機越是往下挖，達比與他叔叔的期盼就越是殷切！但就在這個時候意外發生了，礦脈竟然消失了！就像追尋彩虹的盡頭時發現空無一物，金礦竟然沒了！他們繼續努力往下鑽探，但卻徒勞無功。

最後，他們選擇了**放棄**。

他們將機器以幾百塊美元的價錢便宜賣給了一名舊貨商，黯然地搭火車返鄉了。雖然通常「撿破爛」的人都不怎麼聰明，但這個人卻不一樣！他找來了採礦工程師勘查礦場，做了一些計算。工程師研判先前開採失敗，是因為原來的主人不熟悉礦物走向的「斷層線」。據他估算，**距達比叔姪放棄的地方只要再往下挖三英尺**，就能找到礦脈！後來也確實挖到黃金！

這名舊貨商就這樣挖到幾百萬美元的金礦，因為他夠聰明，懂得在放棄前先尋求專家的協助。

達比叔姪大部分購買機器的金錢，都是靠年輕的達比努力向親友籌來的。親戚鄰居願意借錢給他，是出於他們對達比的信任。後來達比還清了所有借款，這可是還了好幾年才還完。

過了好久，**當達比發現心中的渴望**可以轉化成黃金之後，才將過去淘金的虧損賺回來，財富也翻了好幾倍。他是在從事壽險業時，發現了這個成功致富法則。

達比牢記過往自己在離黃金三英尺前竟然**放棄**，因而失去鉅額財富的教訓，將之轉化成簡單的自我提醒，投入他日後所選擇的職業中，他告訴自己：「我曾經在黃金的三英尺前放棄過，但如今，當我向客戶推銷保險時，我絕不會**因爲被人拒絕**就停止努力。」

於是，達比成為壽險業的銷售高手。每年只有不到五十位壽險業務員可以賣出超過一百萬美元的壽險，達比就是百萬壽險業務員之一。他此刻「堅持到底」的特質，正是來自於過去挖礦「半途而廢」學到的教訓。

任何人的成功之路，多少都會遭遇短暫的挫折，甚至是一些失敗。當被失敗擊潰時，最簡單、也最理所當然的方式就是**放棄**。這的確是大部分人的選擇。

五百多位美國的成功人士告訴我，他們最大的成功往往都是在他們咬緊牙關撐過失敗**之後**，再勇敢地踏出一步。失敗最愛捉弄人，深諳諷刺而且非常狡猾，特別是在一個人快要成功時絆他一腳。

從要五十分錢學會堅持到底

達比從「逆境大學」畢業取得學位不久後，決定從過去挖礦失敗的經驗記取教訓，不久後，一個偶然的幸運際遇讓他見證：別人說「不」，並不一定是真的拒絕。

達比的叔叔經營一座很大的農場，將農地分租給許多黑人佃農耕作。有天下午，當達比在一間舊磨坊幫叔叔磨麥子時，磨坊的門輕輕打開了，一個黑人小女孩走進來，站在門邊。她是佃農的女兒。

叔叔抬頭看到小女孩，不客氣地對著她大吼：「妳來幹什麼？」

小女孩小聲地說：「我媽媽要我來拿五十分錢。」

「我不會給的，快回去！」叔叔回道。

「好的，先生。」女孩說著，**但是她並沒有離開**。

叔叔繼續埋頭苦幹，由於太專心，完全沒有注意到小女孩還站在那裡沒走。當他抬頭看見小女孩還在時，對她大吼：「我不是叫妳回去！趕快走，不然我就修理妳。」

小女孩再度回道：「好的，先生。」**但她就是動也不動**。

叔叔放下原本要倒入磨麥機的一袋小麥，隨手撿起一塊木板，往小女孩的方向走去，一臉怒氣。

達比屏息看著，心想小女孩一定會挨揍，他瞭解叔叔的脾氣可不是好惹的。他也知道當地黑人小孩無法反抗白人。

當叔叔快走到小女孩面前時，小女孩卻一個箭步向前，抬頭盯著叔叔的雙眼，扯開嗓門大喊：「**媽媽一定要我拿到五十分錢！**」

叔叔愣住了，呆呆地看了小女孩一分鐘，然後慢慢地把手上的木板放下，手伸進口袋，拿出五十分錢給她。

小女孩拿了錢，慢慢地退到門邊，視線一直停留在這個**剛剛被她征服**的男人身上。小女孩走後，叔叔坐在箱子上，望向窗外長達十分鐘之久。他心存敬畏地思考著剛剛帶給他的震撼。

同時間，一旁的達比也陷入沉思。那是他生平第一次看見黑人小女孩讓一個成年白人男性**乖乖聽話**。她是怎麼做到的？到底發生了什麼事情讓叔叔不再火爆，變成一隻溫順的羔羊？這個小女孩到底是運用了什麼神奇的力量，使自己掌控了局面？這些類似的問題在達比的腦海中閃過，但直到多年後，當他告訴我這個故事時才找到了答案。

巧的是，就是在那座舊磨坊裡，我聽到這個故事，地點剛好就是他叔叔遭遇挫敗的位置。更奇妙的是，我居然還花了將近二十五年的時間來研究這個不知天高地厚、沒讀過書的黑人小女孩，想瞭解她用的究竟是什麼力量，居然能夠擊垮一個受過教育的成年人。

當我們站在那間飄著霉味的舊磨坊時，達比重述了這段耐人尋味的往事，說完後他問我：「你怎麼解讀呢？那個小女孩到底用了什麼神奇的力量，竟然能讓我叔叔乖乖就範？」

這個問題的答案已詳細記載在本書所敘述的法則中，答案詳盡且完整，包含所有的步驟與細節，絕對能讓所有人明白及充分應用這個小女孩無意間施展出來的力量。

你在閱讀時請保持覺醒，就能發現這股讓小女孩脫險的神奇力量到底是什麼。你將會在下一章第一次見到它。你也將在閱讀本書的某一刻，從某處得出領悟，從而擷取這股令人無法抗拒的力量，讓其為你所用，並且從中受益。這股力量或許在第一章就已經在你面前顯現，也可能會在接下來的章節出現。它或許是你的一個點子，也可能是某個計畫或目標。它可能會讓你回首過去的失敗經驗，幫助你從中汲取教訓，而透過這些教訓，你將能夠重拾在失敗中所失去的一切。

我向達比解釋那個小女孩無意間使用的這股力量後，達比馬上回顧三十年的壽險銷售經驗，坦言他的成就有很大部分要歸功於小女孩當時帶給他的體悟。

達比指出：「每當我被潛在客戶打發，不買壽險時，我都會看到那個小女孩站在舊磨坊裡，瞪大眼睛不肯離去，於是我對自己說，『我非要做成這筆交易不可！』確實，我賣出的大部分保單都是在對方先拒絕之後才成交的。」

達比也回憶起他當年滔金，在三英尺前放棄的錯誤，他說：「不過那次經驗實際上卻讓我從此因禍得福。它教導我不論情況多麼不利，都要**堅持到底**。這也是一堂我在成功之前的必修課。」

這段達比與他的叔叔、磨坊的黑人小女孩，以及金礦的故事，勢必將在無數壽險業務員之間廣為流傳。對於這些人，我想提醒一點，就是達比將他每年超過百萬的保險業績都歸功於那兩段經驗所帶給他的成長。

人生很奇妙，也無法預測！成功與失敗，往往來自於同一段人生經驗之中。達比的經驗看來平淡無奇，卻蘊含人生命運的好壞關鍵，所以這些經驗對他或他的人生是相當重要的。達比能從這兩個戲劇性的經驗中獲益良多，是因為他**分析它們**，從而發現其中隱含的教訓。但是那些沒有時間能夠好好思考，也沒有興趣研究失敗經驗以找尋成功知識的人，又該怎麼辦呢？他該從哪裡以及如何學到這種把失敗轉為掌握成功的契機呢？

這本書就是為了回答這些問題所寫的。

從失敗意識轉為成功意識

這個答案也就是本書所提及的十三個成功致富法則。但請記得，你在閱讀本書時，那些困擾你人生已久的問題，答案可能會**在你的心中**出現，或許是一個點子，也可能是一個計畫或目標。

一個正確的觀念就是協助你成功的一切基石。本書闡述的十三個成功致富法則，提供了最實際、最有效的方法，幫助創造有用觀念所需的方法或態度。

在我向你介紹十三個成功致富法則之前，你有權先知道以下的重要訊息：

「財富開始來臨時，將會以極快的速度和驚人的數量到來，多到會讓人不禁懷疑過去這幾年它們是躲去哪裡了呢？」這句話可能會讓人難以相信，畢竟這跟我們一直以來認為「努力工作才能發大財」有所牴觸。

但當你真的開始以**思考致富**時，你會發現原來財富是源於心中對於某個目標堅持的一個心境，加上些微的努力。你，以及每個人都應該想知道如何達到那樣的致富心境：我花了二十五年的時間，研究分析超過兩萬五千個人，因為我也想知道「有錢人是如何變成擁有那樣的致富心境」。

如果沒有這項研究，本書大概也不會問世。

請仔細想想一個重要的真相：經濟大蕭條發生於一九二九年，持續的時間以及帶來的災害前所未見，直至美國總統羅斯福就任後，這段經濟的黑暗期才逐漸明朗起來。就如同電影院中，電影結束後工作人員慢慢調亮燈光，直至最後你才發現廳內已一片光明，而人們心中的恐懼也是如此逐漸轉變為堅定的信念。

請你仔細觀察，一旦你熟悉這些法則背後的邏輯，並且開始遵循指示去應用後，你的財務狀況將逐漸改善，所有你接觸的事物都將成為對你有益的資產。覺得不可能嗎？一切都是真的！

人類其中一個主要的弱點，就是經常把「不可能」掛在嘴邊，認為很多事情都**做不到**。有些人則不然，而這本書正是寫給那些積極正向、尋求成功祕訣、並且願意為了成功**奮力一搏**的人。

好幾年前，我買了一本很好的字典。我做的第一件事情，就是找到「不可能」一詞，並且把它剪掉。相信我，這是明智的選擇，你也應該這麼做。

成功只會降臨在具有**成功意識**的人身上。

失敗則會找容許自己有**失敗意識**的人。

本書的目的就是要幫助所有尋求改變的人，幫助他們的意念**從失敗意識轉爲成功意識**。

另一個太多人具有的弱點，就是習慣以**他們自己**的印象和信念去衡量一切人事物。有些讀這本書的人會覺得自己無法憑**思考致富**。他們沒辦法想像致富的可能性，因為他們早已被過往的貧窮、匱乏、悲慘、失敗及挫折限制了自己的思考。

這些不幸的人讓我想起了一個傑出的華人。他來到美國接受美式教育，就讀於芝加哥大學。有天，威廉·哈珀校長在校園裡遇到了這名東方年輕學子，便停下來與他閒聊了一會兒，並且問他美國人最令他印象深刻的特徵是什麼。

這位華人子弟回答：「這還用說！當然是你們歪斜的眼睛啊，你們的眼角都是下垂的。」

我們還說華人的眼角上吊呢？

我們總是拒絕相信自己所不瞭解的事情。我們愚蠢地將意念侷限在自己有限的眼見裡。所以，當然覺得別人的眼睛都「長歪了」，**因爲他們跟我們不一樣**！

「不可能」的福特V8汽車

數百萬的人都忌妒亨利・福特的成就，認為他的成功是因為運氣好，或者天資聰穎等等。但或許每十萬人中會有一個人知道福特成功的祕密，但這些人又太謙虛或不願意談起，只**因爲這個祕密太簡單了**。下面的例子將能好好地闡述這個「祕密」。

幾年前，福特決定要製造目前相當有名的Ｖ８汽車。他決定要做出一個內附八個汽缸的引擎，吩咐底下的工程師著手設計。設計圖畫好了，但工程師一致認為**不可能**做出一具裝設八個汽缸的引擎。

福特說：「你們儘管做就是。」

他們回應：「但這是不可能的！」

福特命令：「做就對了！不管花多少時間，都要把它做出來！」

工程師繼續埋頭苦幹，如果他們還想要保住飯碗就只能照做，別無選擇。六個月過去了，並沒有任何進展。又過了半年，依舊一籌莫展。工程師絞盡腦汁，使出渾身解數想完成使命，但是這件事情就是沒辦法；換句話說，**不可能**啊！

到了年底時，福特查詢工程師進度，他們再一次告訴他，實在找不到執行命令的方法，答案依舊是不可能。

福特說：「再試！繼續試！我一定要這個東西做出來！」

他們只能再度嘗試，結果奇蹟發生了，這個祕密出現了。

福特的**決心**再次獲勝了！

這個故事描述得可能不夠鉅細靡遺，但來龍去脈大致如此。想要透過**思考致富**的你，不難發現福特百萬身價的祕密其實已經近在咫尺了。

福特之所以成功，是因為他瞭解並**運用**了成功的原則。其中之一就是**渴望**：也就是清楚知道自己想要的是什麼。在你閱讀福特的故事時，請試著在字裡行間找出他傲人成就的祕密。如果你能做到這點，如果你能記住亨利．福特的成功致富法則，那麼你就能在任何適合你的行業中，取得和他媲美的成就。

成為自己命運的主宰

當英國詩人威廉．亨利寫下充滿啟示的詩句：「我就是我自己命運的主宰，我就是自己靈魂的舵手。」他告訴我們，我們是自己命運的主宰、自己靈魂的舵手，是**因爲**我們有控制自己思想的能力。

他應該告訴我們，地球這艘小船就航行在一種叫做「以太」的能量裡，我們人類也在其中孕育及運行；這種能量形式是不可思議的高振動頻率；以太遍布著宇宙的力量，而這股力量能夠**調整**到與我們的意念相符；而且以自然的方式**影響**我們，將我們的意念轉化為相應的物質實相！

如果這位詩人告訴我們這個偉大的事實，我們就能知道**爲什麼**我們會是「自己命運的主宰、自己靈魂的舵手」。他應該告訴我們，這股力量會將我們心中所想的帶到我們的身邊，不論是有益的意念或無益的意念，不論是富裕的意念或貧窮的意念，都會變成物質的實相。

他也應該告訴我們，我們的大腦彷彿是一塊「磁鐵」，被我們心中的主要意念「磁化了」，儘管沒有人知道這是如何運作的，但確實會「吸引」任何與我們心中**主要**意念相符的力量、人物和人生境遇到我們的身邊來。

他更應該告訴我們，在我們累積大量財富之前，我們應該先用強烈的**渴望**來磁化大腦。我們必須先形成「金錢意識」，直到這種對財富的強烈**渴望**驅使我們創造出獲得財富的具體計畫為止。

但亨利畢竟是一位詩人，不是哲學家，他喜歡用詩句來表達偉大的真理，就留待後人各自咀嚼箇中道理了。

真理一點點地披露了，讀到這裡，相信這個祕密對你已逐漸不再是個祕密了，並且可以很確定這本書確實蘊藏致富的法則，可以改變我們的經濟命運。

改變命運的法則

接著我們就要開始學習這些法則的第一條了。請保持開闊的心，並且隨時謹記，這些法則並不是一個人發明出來的，而是集結了超過五百多位成功人士的成功致富經驗而得的。這些人基本上都出身於貧窮、沒受過什麼教育，也沒有什麼人脈。他們運用這些法則而成功了。你也可以透過這些法則讓你自己長久獲益。

你將發現力行這些法則並不會很難。

在你開始讀下一章之前，我想告訴你這個祕密真的能輕易改變你的經濟狀況，因為它具有實證，已經為本書提及的兩個人帶來了巨大的改變。

我想告訴你的是，我與這兩個人的關係相當重要，並不是我可以隨意扭曲或胡亂編造的，就算我想這樣做也沒辦法。其中一人是我有長達二十五年友誼的好友，另一位則是我的兒子。他們兩個人都將自己奇蹟般的成功，歸功於下一章將會提及的法則。

大約十五年前，我受邀到西維吉尼亞州賽勒市的賽勒學院為畢業生致詞。我極力強調下一章將會提的一個法則，以致有位在場畢業生就妥善地運用了它，將這個法則納入其人生的哲學之中。這位年輕人現在是國會成員，在現任內閣中擔任要職。在本書付梓出版前，他剛好寄給我一封信，信中清楚提及了我將在下一章節所要介紹的法則，因此，我決定將他這封信公開，作為下一章的引言。

這封信將會讓你清楚瞭解這個法則能帶來的回報。

親愛的拿破崙：

我在美國國會的任職經驗讓我得以洞察，瞭解到男男女女的困境，所以我寫這封信給您，想向您提供一個建議，但願能幫助數千位值得被幫助的人。

不過得先說聲抱歉，因爲這個建議需要長時間的執行及責任才會生效，但儘管如此，我還是決定要跟您說，因爲我知道您樂於助人。

一九二二年，您曾來賽勒學院的畢業典禮致詞演講，當時我就是其中一位畢業生。您那場演講將一個觀念深植我心，這與我後來能夠有機會在國會爲民服務有著莫大的關係，將來我如果有所成就，都要歸功於您所講的觀念。

而我想要給您的建議，就是請將您當年的演講內容寫進一本書中，讓所有國人都能夠受惠於您多年來與眾多成功人士相處共事的經驗，正是這些人造就了美國，他們是使美國成爲世界上首富之國的背後功臣。

現在回想起來，仍舊還像是昨天一樣，您在精彩的演講告訴我們亨利．福特的故事，他如何從一個沒受過多少教育、身無分文、毫無背景的無名小卒，變成一位具有極大成就的傑出人士。在您的演講還沒結束之前，我就已下定決心，無論未來會面臨多少難關，我都要闖出自己的名堂。

每年都會有好幾千位的年輕人即將畢業，展開他們的人生。今年如此，之後的每一年也是。他們需要一個提供非常實用、能夠鼓舞他們的建言，就像您曾給予我的一樣。他們渴望知道自己人生的方向，如何應對自己的人生，才能邁向康莊大道。您可以告訴他們怎麼做，因爲您已經幫助無數人解決問題。

如果可以的話，請容我向您建議，在您的每一本書中都附上您的「個人分析表」，這樣一來，每位購買您書籍的讀者都有機會能夠享受到完整自我分析所能帶來的利益，就像當年您指點我那樣，爲他們指點成功之路的方向。

這樣一來，您的讀者就都能夠看清楚自己的優缺點在哪，並且能夠清楚地分辨什麼是成功與失敗。這對他們來說將會是無價之寶。

美國有成千上萬的人此刻都仍在這次的經濟大蕭條之中掙扎，而從我個人的觀點來看，我相信這些人都非常希望能有機會向您傾訴他們的困境，並且得到您的指引。

您也知道有許多人都面臨著必須得從頭來過的困境。此刻在美國，仍有數千人想知道他們該怎麼東山再起，在沒有資金的情況下，如何將抽象的觀念轉變爲眞實的財富，並且彌補他們過去的損失。如果有人能夠幫助他們的話，那麼那個人就一定是您了。

如果這本書出版了，我一定會取得第一刷的其中一本，並且親自請您簽名。

衷心地祝福您，並且致上最誠摯的問候。

詹寧斯．倫道夫 敬上

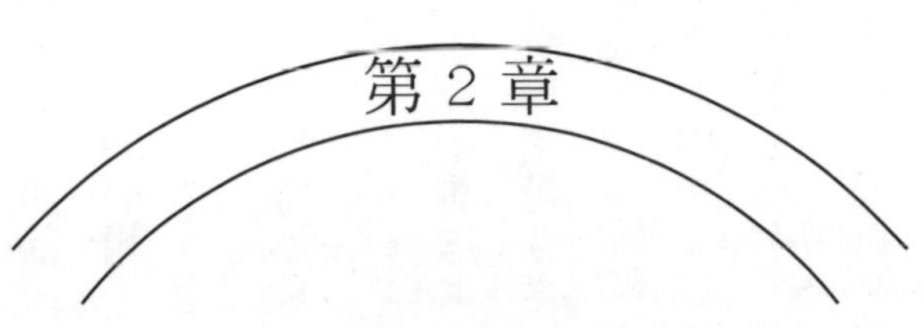

第 2 章

渴望

{成功致富法則之一}

所有成就的起點

三十多年前，當愛德溫·巴恩斯搭乘火車抵達新澤西州橘郡，從貨運列車上跳下來的時候，形貌或許與流浪漢無異，但他的**意念**卻如同王者一般堅強！

巴恩斯沿鐵軌前往愛迪生辦公室的途中，心中各種景象輪番上演。他看見自己就**站在愛迪生面前**，也聽見自己問愛迪生能否給自己一個機會。他想要實現**這輩子心心念念的夢想**、**一份無比熱切的渴望**，那就是成為這位偉大科學家的事業夥伴。

巴恩斯的渴望不是一個**希望**而已！這也不是一種**心願**。它是超越所有一切、會讓人內心悸動的殷切**渴望**，十分**明確**。

巴恩斯去找愛迪生，並不是一時興起。他這個**占據內心的渴望**已經好一段時間了。這份渴望萌芽之初，或許的確只是個小小的心願，不敢奢求實現，當他出現在愛迪生面前的時候，這個想法已經不僅僅是心願了。

幾年後，就在兩人初次見面的那間辦公室，巴恩斯又再次站在愛迪生面前。這一次，巴恩斯的**渴望**已經化為實相了。**他成爲愛迪生的事業夥伴了**，他**畢生追求的夢想**，已然成真。如今，知其名號的人都對他欣羡不已，認為他遇上了人生千載難逢的「契機」。大家都被巴恩斯輝煌的姿態所吸引，卻鮮有人深究他功成名就背後的**原因**。

巴恩斯之所以會成功，是因為他設定了明確的目標，把所有的精力、意志力及努力，全數灌注在目標之上。他並不是見到愛迪生的第一天就成為他的事業夥伴。他甘於從小從低做起，任何有可能帶他往目標邁進的事情，哪怕只是一小步，他都願意做。

破釜沉舟的決心

他就這樣做了五年，才等到機會降臨。這段時間中，前途一片茫茫，看不見一絲希望，沒有人承諾可以實現他的**渴望**。除了他自己之外，所有人都認定他不過是愛迪生企業的巨輪裡，一顆毫不起眼的小螺絲釘。但在巴恩斯的心目中，從開始工作的第一天起，**每一分每一秒他都當自己是愛迪生的事業夥伴**。

明確的渴望，就是具有如此不可思議的力量。巴恩斯最終達成了目標，因為他想成為愛迪生的事業夥伴，這件事比什麼都重要。他擬定計畫來達成目的。同時也下了**破釜沉舟**的決心，斬斷所有後路，信守那份**渴望**堅定不移，直到化為實相。

當巴恩斯抵達橘郡時，他對自己說的不是：「我要設法說服愛迪生給我一份工作，任何工作都好。」而是，「我要去見愛迪生，告知他我來當他的事業夥伴了。」

他沒有對自己說：「我就去工作幾個月，如果沒有斬獲那就算了，辭職再另找一份工作就好。」而是告訴自己：「我什麼都肯做。愛迪生叫我做什麼，我就做什麼。不過，**不必等到做完**，我已經成為他的事業夥伴了。」

他沒有跟自己說：「要記得同時留意其他機會，萬一在愛迪生的公司失敗了，還有退路可走。」而是告訴自己：「世界上我想得到的東西只有一**樣**，就是成為愛迪生的事業夥伴。我要破釜沉舟，斬斷一切後路，賭上**全部未來**琢磨能耐，得到我想要的。」

他沒有為自己留下任何一條回頭的路。不成功，便成仁！

這就是巴恩斯成功的故事，僅此而已！

致富的驅策力

很久以前，有一位戰功赫赫的武將在戰場上面臨了下決定的關鍵時刻，勝敗就在一線之間。他的士兵即將迎戰勁敵，對方軍力遠勝於己。他下令士兵登上戰船，駛到敵境，再叫所有士兵下船，一切裝備卸上岸後，接著便下令燒毀全部船隻。第一場戰役前，武將向他的士兵喊話：「你們都看見了，我們的船已經都燒掉了。所以，我們一定要贏，才能活著離開！我們已經別無選擇，**贏不了，就是死！**」結果他們贏了。

任何在人生的戰役中凱旋而歸的人，都有一顆破釜沉舟的決心。唯有如此，才能將心理狀態維持在**渴望獲勝的熱切渴望**中。想要取得成功，這種心境至關重要。

芝加哥大火發生後的隔天早上，一群商人站在斯代特街上，看著他們原本店鋪所在的位置如今只剩下一片冒著煙的廢墟。他們召開會議，商討到底應該要原地重建，還是離開芝加哥，到其他更有希望的地方重起爐灶。最後他們達成共識，決定離開芝加哥。唯有一人，獨排異議。

這位決定留下來重建的商人，手指著自家店鋪的斷垣殘壁，說道：「各位，就在那個位置，我要開一間世界上最大最好的商店，不管要被火災燒毀多少次。」

這已是五十多年前的往事。店後來真的開成了。這間店至今依然坐落在那裡，巍然聳立，見證著商人當年那份**熱切渴望**的心理狀態。這位商人就是馬歇爾．菲爾德。他當年大可與其他同行一樣，放棄原址，另謀出路。當時事態艱難，前景茫茫，大部分人都選擇抽身離開，轉往他處，似乎是比較好走的一條路。

請注意馬歇爾．菲爾德在此時所展現與其他商人不同之處。這種不同，跟巴恩斯之所以從愛迪生集團幾千名年輕同輩中脫穎而出，正是同一種原因。甚至可以說，這就是所有成功者與失敗者之間的差異。

任何人只要長到某個能明白金錢用處的歲數，無不懷有心願，盼望有朝一日能夠致富。**心願**不會帶來財富，但對財富充滿**渴望**的心態，時時刻刻縈繞於心，在這種心理狀態的促使之下，擬定具體計畫來追求財富，輔以**絕不認輸**的毅力與堅持，這樣的人必會致富。

將渴望變黃金的六個步驟

如何將財富的渴望轉化為相應的財富實相呢？事實上有一套方法，包含了以下六個步驟：

1.設定你心中渴望賺到的**具體**金錢數字。光說「我想賺很多錢」是不夠的，必須明確說出一個數字。（要求「明確」有心理學上的根據，後面的章節會解釋。）

2.決定你到底願意為了追求財富付出什麼代價。（天下沒有「白吃」的午餐。）

3.設定一個明確的日期，你要在這個日子就**持有**你渴望的財富。

4.擬定一份具體計畫來實現你的渴望，並且**即刻**就開始採取**行動**實施計畫，不論你準備好了沒。

5.把計畫寫下來。清楚簡潔地寫下想賺多少錢、期限是何時、願意付出的代價，還有賺錢的具體計畫。

6.把寫下來的計畫大聲唸出來。一天唸兩次：晚上睡覺前一次，早上起床後一次。**當你大聲唸誦的時候，試著觀想、感覺、全心相信你已經擁有這些財富**。

按照指示遵循以上六個步驟非常重要。第六個步驟尤其要緊，一定要確實做到。你或許心裡犯嘀咕，沒有就是沒有，到底要怎麼「觀想自己已經擁有財富」

呢?但這就是**熱切渴望**發揮作用的地方了。如果你真心**渴望**財富,一心念念不忘,那你一定可以很容易就說服自己的。你的目標就是建立對財富的慾望,並從慾望中醞釀出**說服**自己一定會成功的信念與決心。

只有成為具有「金錢意識」的人才能累積鉅額財富。「金錢意識」意味著心智已經全然充滿了致富的**渴望**,一個人已能觀想自己持有財富的樣子。

對不諳心理學的人來說,上面這些指示或許顯得有點不切實際,但人類的心智運作的確有某些原則。如果你還是半信半疑,那麼讓我告訴你,這六個步驟傳達出來的訊息是安德魯・卡內基所提出的,或許你會比較願意買單。卡內基原本只是煉鋼廠的普通工人。儘管出身低微,但他運用這些原則一路努力,最後成功幫自己賺了大錢,身價超過一億美元。

事實上,這六個步驟也獲得愛迪生的認可,認為這不只是累積財富的關鍵,也是實踐**任何明確目標**必備的心法。

這套方法不是要你做什麼「辛勞工作」,也不需要犧牲些什麼。你也不用做什麼出格的事,讓自己顯得很荒唐或很好騙。實行這幾個步驟,也不需要有多高深的學問,但是需要具備充分的**想像力**,才能理解並且真正體會,累積財富靠的不是機會、福氣或好運。所有賺大錢的人**之前**都先經歷過作夢、希望、許願、**渴**

望及**計畫**這些過程，然後才得到財富。

讀到這裡，你大概已經瞭解，**除非**先設法讓自己進入對金錢的**渴望**，並且發自內心**相信**一定會成功的心境，否則是賺不了錢的。

務實型的夢想家

你大概也意識到了，從古至今，每一位偉大的領袖都是勇於作夢的夢想家。基督教之所以能成為當今世界上最強大的一股力量，就是因為創始人敢於作夢，也有無比的願景與想像力，能夠在心智與靈性的層面觀想實相，再將之轉化到物質世界。

如果你無法觀想財富，那你也不會在帳戶餘額上看見財富。

對務實的夢想家來說，現階段正是美國歷史上契機最多的時刻。歷時六年經濟崩潰，幾乎把所有人都打回原形，回到相同的起點。新的賽局即將展開。眼前的風險同時也意味著鉅額財富，等著在未來的十年間加以實現。賽局的規則已然改變，因為我們活在一個**已經改變的世界**。這個充滿變局的世界，無疑有利於普羅大眾。他們在經濟大蕭條時期苦無機會、毫無勝算，內心充斥的恐懼也令他們裹足不前，難有成長與發展。

既然有心在賽局中競逐財富，我們就必須瞭解如今所生存的變動時代需要的是新觀念、新作風、新領袖、新發明、新的教學方式、新的行銷手法、新書、新文學、新電視節目及新電影構想。這些對於更新、更好的追求，都要有一樣特性才能成功，就是**目標要明確**，心中清楚知道想要的是什麼，以及想要擁有它的熱切**渴望**。

經濟大蕭條標識著一個時代的結束，以及新時代的誕生。如今這個充滿變局的世界，需要的是有能力、也**願意**將他們的夢想付諸行動的務實型夢想家。務實型夢想家決定了文明的脈動，以前如此，未來也是如此。

這個世界潛藏著各種機會。想要累積財富的我們必須牢記，真正的領袖始終都是懂得利用這些機會並付諸實踐的人，他們善用機會之中看不見也摸不著的巨大力量（或意念的衝動），將之轉化成摩天大廈、城市、工廠、飛機、汽車以及所有讓生活更加便利的發明。

包容的胸襟與開放的心胸，是現代夢想家必須具備的條件。害怕新觀念的人，還沒開始就已經注定要失敗。對開拓者而言，沒有比現在更好的時代了。我們的確已不再像西部片裡那樣，有大片蠻荒之地需要征服；但取而代之的是商業、金融與工業的廣袤世界，等待我們去打造及重新確立更新、更好的路線。

在邁向財富的路上，不要讓任何人影響你以至於不敢夢想。想在變動的世界裡賺大錢，就要以歷史上偉大的先行者為師，效法他們的精神。就是這些先行者所做的夢，為文明注入價值。他們的精神正是我們國家的命脈，也讓你我都有機會能發揮天分、一展長才。

別忘了，哥倫布當年就是相信有一個未知的世界，賭上身家性命去追尋夢想，最後真的發現了新大陸！

偉大的天文學家哥白尼，認為世界具有多重性，後來也證實了這個論點！他成功**之後**，可沒有人說他「不切實際」，反而舉世對他崇敬有加。這個例子再次證明「**成功的人找方法，失敗的人找藉口**」。

只要你想做的是正確的事，而且**你也相信這點**，那麼就勇往直前吧！大聲說出自己的夢想，如果遇到一時的挫折，不要在意「他們」的話，因為「他們」或許不明白一個道理：「**每一次失敗，都是與成功的種子相伴相生。**」

亨利．福特經濟拮据，也沒受過教育，但他夢想要製造出不需要用馬拉的車，於是他利用手邊的工具開始動手發明，沒有坐著枯等機會降臨。夢中之物最後成為現實產品，如今在全世界奔馳。在他手中轉動起來的車輪，世界上只怕沒有人比他還多，時代的巨輪也因他而啟動，因為他勇於實踐自己的夢想。

愛迪生夢想要發明用電驅動的燈泡。他運用眼前的資源，採取行動著手研究，失敗了超過一**萬次**才成功。他沒有因為失敗而言退，反而堅守夢想，直到夢想成真。務實的夢想家都有共同的特徵，便是**絕不放棄**！

惠朗夢想開設一系列雪茄連鎖店，將夢想付諸行動，現在聯合雪茄店已進駐美國各大城市的黃金街角。

林肯夢想解放黑奴，化夢想為行動，為此連生命都受到威脅，差點就活不到南北戰爭結束，國家重新統一的那一刻，親眼看見夢想成真。

萊特兄弟夢想要發明可以在天空翱翔的機器，如今全世界都是他們的見證，他們並非痴人說夢。

馬可尼夢想要打造一台機器可以控制以太那股捉摸不定的力量。如今收音機與電視機遍布世界各地，證明他的夢想不是天方夜譚。各國人民無論貧富、不分階級，都因為馬可尼當年做的夢，如同街坊鄰居一般緊密連結。收音機讓美國總統得以透過廣播，在事件發生後的短時間內，向全國人民發表即時談話。好笑的是，馬可尼的「朋友們」當年聽他說自己發現了一種方法可以穿越大氣傳送訊息，不用透過電纜或其他通訊管道，他們都覺得馬可尼瘋了，把他強制送醫，要他檢查有沒有精神病。現代的夢想家，待遇可比馬可尼好多了。

人們已經越來越習慣接受新事物。應該說，對於為世界帶來新觀念的夢想家，大家越來越樂意給予酬賞。

「最偉大的成就，在萌芽時刻與成長之初，都只是一個夢。」

「橡樹孕育於橡實之中。鳥兒孵化前在蛋殼裡耐心等候。靈魂最高的視野之處，有位天使窸窣微動，逐漸醒來。**夢想是現實的幼苗。**」

各位夢想家！醒過來，站起身，為自己的夢想勇敢發聲！幸運之星即將降臨在你身上。全世界固然景況蕭條，但隨之而來的是你一直引頸企盼的機會。它教會了大家要心懷謙卑、包容與開放。

如今的世界潛藏著各種**機會**，程度之豐，是過去的夢想家難以想見。

想要成爲什麼人、想要做什麼事的熱切渴望，是夢想家的出發點。興致缺缺、疏懶怠惰、缺乏企圖心，這種狀態是不會萌生夢想家的。

如今的世界已經不像從前會對夢想家報以訕笑，也不再譏諷他們不切實際。如果你不相信，可以去田納西州看看知名的水壩工程，那就是一位夢想家在總統任內所完成的壯舉，成功利用了美國的水力。若是在幾十年前，他的夢想可能會被視為瘋狂。

你曾經感到失望，你嘗過經濟大蕭條時期的失敗滋味，你感覺自己的雄心壯志如今已碎成片片、淌出鮮血。拿出勇氣！因為過去的失敗經驗，都是為了鍛鑄出你靈魂中鋼鐵般的本質——它們也是你最有價值的資產。

也別忘了，所有功成名就的人開頭時都並不順利，他們都熬過了許多刻骨銘心的艱難考驗才「抵達」目的地。出人頭地的人，他們人生的轉捩點往往是伴隨著危機而發生。他們透過危機，發掘了自身以前不曾發現的「其他自我」。

約翰．班揚寫出了英國文學史的不朽名作《天路歷程》，完書前他因為對宗教的觀點與當局不同，曾身陷囹圄受盡煎熬。

歐．亨利遭逢變故，被關進俄亥俄州哥倫布市的小牢房，才發現了自身潛藏已久的才華。遭遇了不幸，他**被迫**有機會發現自己的「另一個自我」，也發揮了**想像力**，發現自己有能力成為偉大的作家，而不是罪犯和逃亡異鄉的可憐蟲。玄奧難解與變化多端乃是生命的常態，更奇妙的是「無上智慧」的力量，往往讓人從苦難中才發現自己別具才能，也發現自己有能力透過觀想，迸發出有用的主意。

世界上最偉大的發明家與科學家愛迪生，年輕時只是一名「落魄」的電報員。內在的動力驅使他反覆嘗試，失敗了無數次之後，最終發現了自己的才華。

查爾斯．狄更斯早年第一份工作是為鞋蠟罐貼標籤。初戀無果的苦楚，穿透他的靈魂深處，轉化成養分，讓他在日後成了震古鑠今的大文豪。這份苦楚先是讓他寫出了《塊肉餘生錄》，接著又陸續完成許多作品，豐富了文學的世界。戀愛失敗的痛苦，往往會讓男人沉迷酒鄉，讓女人形銷骨立，因為大多數人都沒有學會把強烈情緒轉化成夢想的藝術，去追求更有建設性的目標。

海倫．凱勒出生後不久，就又聾又啞，儘管遭遇了巨大的不幸，她仍然憑著努力，成為名留青史的歷史偉人。她的一生證明了**沒有人可以被擊倒，除非他自己先認輸**。

羅伯特．伯恩斯原本是個不識字的鄉下小夥子，一窮二白，長大後還染上了酒癮。但世界卻因為他變得更加美好，因為他用詩的形式，把美好的意念傳遞給世界，拔開生命的荊棘，種下美麗的玫瑰。

布克．華盛頓出生時是一名黑奴，種族和膚色讓他不得不面臨許多不利處境。因為他在任何事情上始終保持著包容的器量與開放的心胸，維持著**夢想家**的本色，對整個黑人族群留下了永恆的影響。

貝多芬兩耳失聰、米爾頓雙眼失明，但名號卻得以永垂青史，因為他們心懷夢想，並把夢想化為有條不紊的意念。

在你翻頁到下一章前，先在心裡重新點燃火焰吧！這把火苗名為希望、信念、勇氣與包容。如果你能保持這些心態，也懂得如何實際運用第53頁提到的六個步驟，那麼其他你所需要的條件都會水到渠成，因為你已經**準備好**了。愛默生這段文字很適合描述這種心理狀態：「不論是直接了當地出現或隱微細膩的暗示，你總會遇見適合你以及能給你啟發的箴言、書籍或說法，對你有所助益並撫慰心靈。有些益友你從沒想過要刻意結交，但在你需要的時候，就會出現在你生命中，施以援手、給你撫慰。」

期待得到一件事物跟**準備好**要得到一件事物，兩者是有差異的。只有**相信**自己一定能得到，才可能**準備好**。心態一定要是**相信**，不僅是希望或期待。而要達到相信的狀態，開放的心至關重要。封閉的心智激不起信心、勇氣與信念。

記得，想要達成遠大的人生目標，想要追求富裕與成功，不需要你有多麼艱苦卓絕、費心勞力，就跟接受不幸與貧窮一樣費不了多少力氣。這個真理，有一位偉大的詩人曾如此描寫：

> 我求生命對我施捨一二，
> 但無論我在夜晚如何乞求，環顧家徒四壁。

生命卻分毫不給。

因爲生命是一位公正的雇主，
你要求什麼，他就給你什麼，
然而一旦要求了報酬，
呀！就得肩負起責任。

我曾卑微得如僕如役，
在灰心沮喪中發現，
你向生命要求什麼，
生命就會給你什麼。

戰勝天生殘疾

我想向大家介紹一個人，他是我所見過最不凡的人，他的故事也很適合作為這一章的精義。二十四年前，他剛出生後幾分鐘，我就認識他了。他出生的時候，臉蛋上不見耳朵的蹤影。家屬焦急地詢問醫師意見，醫師坦承這孩子恐怕這輩子都聽不見、也不會說話。

我質疑了這個看法。我有權利這麼做，因為我就是孩子的父親。於是我也下了一個決定，暗自在心裡表達了我的看法：我的兒子要會聽、也會說。大自然可以賜給我一個沒有耳朵的孩子，但卻**無法要我聽命接受**苦難的事實。

在我心裡，我很篤定我的兒子將來會聽、也會說。但怎麼做才能達到這件事呢？我相信一定有辦法，而且我知道自己一定會找到辦法。我想起愛默生的話：「世間萬物的存在，都是為了教導我們信念。我們只需要順從生命的安排。每個人都有屬於自己的人生指引，只要謙卑細聽，就會聽見**正確的指引**。」

正確的指引是什麼？就是**渴望**！我**渴望**我的兒子既不聾、也不啞，這是世界上最重要的事。我從來沒有放棄過這份渴望，一秒鐘都沒有。

許多年前，我曾經寫過：「我們唯一的限制，就是我們設在自己心裡的限制。」這是我第一次對這個說法心生動搖。躺在我面前小床上的是一個剛落地的嬰兒，天生就聽不見。就算他未來會聽會說好了，可想而知仍會面臨重重限制。當然，孩子懵懂未知，心裡並沒有為自己設下這些限制。

我該怎麼做？我渴望找到方法，讓孩子即使沒有耳朵，也能把聲音送進腦海中。無論如何，我一定會找到辦法，把這股**熱切渴望**植入孩子的心中。

等孩子長大到能溝通的時候，我要把這股想聽見聲音的**熱切渴望**灌進他的心裡，滿盈到大自然會將渴望化為物質實相，無論用任何方式。

這些想法都只在我心裡盤旋，我從未對任何人說出口。每一天我都會對自己重申這個誓言，我不接受兒子不能聽、也不能講。

隨著兒子越長越大，開始會觀察周遭事物，我們發現他其實聽得到一點點聲音。長到該會說話的年紀時，兒子沒有表現出開口說話的跡象，但從他的舉動我們看得出來，他隱隱聽得見某些聲響。對我來說這樣就夠了！我相信，就算只有一點點，只要他還聽得見聲音，就有可能鍛鍊出更好的聽力。接著發生了一件事，讓我燃起了希望。這件事的源起，完全是意料之外。

我們買了一台留聲機。孩子第一次聽到機器發出音樂的時候，就迷上了那個聲音，對那台機器愛不釋手。不久後我們就看出，他對幾張唱片特別感興趣，其中他最喜歡的是〈蒂珀雷里在遠方〉這首歌。有一次，他反覆播放這首歌，一遍又一遍地聽了快兩小時。他站在留聲機前面，**用牙齒牢牢咬住留聲機外殼的邊緣**。直到多年後，我們才明白，他這個自然而然出現的習慣有什麼意義，因為當時我們從未聽說過聲音有「骨骼傳導」這回事。

他迷上那台留聲機後不久，我偶然發現我對他說話的時候，只要把嘴唇貼在他的顳骨上（大約是腦部下方的位置），他就能聽得很清楚。這些發現讓我有了採取行動所需要的管道，得以開始把那股**熱切渴望**轉移到兒子內心，幫助他建立聽和說的能力。當時，他已經開始表現出學說話的跡象，能說得出幾個單字。前景看起來實在算不上樂觀，但**憑著信念支撐的渴望**，我總覺得沒有不可能的事情。

確定了他能清楚地聽到我說話的聲音，我便立即開始灌輸他想要聽和說的渴望。我很快就發現兒子很喜歡聽床邊故事，於是我編了許多故事，內容都特意安排過，來灌輸他自立和創造力的觀念，還有**想要聽見聲音及過正常人生活的深切渴望**。

其中有一個故事，每次說的時候我都添入一點新的變化，好讓兒子印象深刻。我希望在他心中深植一個想法，那就是他的缺點不會拖累他，反而是一份寶貴的資產。雖然我讀過的各式哲學書籍都告訴我，**所有苦難的背後都潛藏著相應的優勢**，但我不得不承認當時依舊茫無頭緒，到底要**怎麼做**才能幫助兒子將苦難轉為資產？雖然如此，我還是持續說著灌輸人生觀的床邊故事，希望有朝一日，兒子終能找到一種方式，化殘缺為優勢，為某種有意義的目的而用。

理智清楚地告訴我，先天聽力缺損是難以彌補的缺陷。但憑著**信念**支撐的**渴望**把理智推到一邊，鼓舞著我持續前進。

回想分析起來，我現在明白結果之所以令人驚嘆，關鍵在於**兒子全然地相信我**。他從未質疑過我告訴他的任何事情。我灌輸他一個觀念，告訴他跟哥哥比起來，他有一個明顯的**優勢**，且這個優勢會以各種方式顯現出來。比方說，學校老師會發現他沒有耳朵，因此會對他格外留意，也更親切。老師的確如此。孩子的媽媽特別關照過這事，她親自前往學校跟老師討論，安排好孩子需要的照料。我也灌輸他，等他長大到可以去打工賣報紙的時候（當時他哥哥已經在賣報紙了），他會比哥哥更有優勢，因為客人一定看得出來，他雖然沒有耳朵，卻聰明又勤奮，所以會願意多花點錢向他買報紙。

我們慢慢注意到，孩子的聽力逐漸有進步，也完全不會對自己的缺陷感到不自在。我們對他的心靈建設工程，在他七歲的時候第一次展現出些許成果。他向我們求了好幾個月，吵著想去賣報紙，但孩子的媽媽不同意，擔心他耳朵聽不見，一個人上街會有危險。

後來，孩子用自己的方式解決了事情。有一天下午，只有他與幾名傭人在家，他趁機鑽過廚房窗戶，跳下地面，然後就自己一個人出發了。他向住在附近的鞋匠借了六分錢作為本金，買了許多份報紙之後，全數賣了出去，然後又再買報紙來賣，就這樣反覆買賣，直到晚上才罷休。結算帳款，還給鞋匠借的六分錢之後，他總共淨賺了四十二分錢。那天晚上我們回到家的時候，他已經在床上睡著了，手裡還緊緊握著白天賺來的錢。

孩子的媽扳開他的手，把硬幣拿起來，開始哭了起來。這可是兒子人生的第一份成就！怎麼哭了呢？我的反應則剛好相反，我開懷大笑，因為我知道努力沒有白費，孩子心中已成功植入了自信心。

孩子的媽媽看到的是一個耳朵聽不見的小男孩，為了賺錢冒著生命危險上街；我看到的則是一位勇敢、自信、企圖心強烈的小小商人，積極而主動地投入生意，一舉成功。兒子做起了買賣，這件事令我莞爾，因為我知道他所展現出的機智本色，會是他一輩子的寶藏。後來發生了許多事情也證明這一點。他哥哥想得到什麼東西的時候，會賴在地上雙腳亂踢、大哭大鬧來達到目的。但這位「聽不見聲音的小男孩」若想得到什麼東西，會自己擬定計畫，賺到錢然後自己去買。他現在還是常這麼做！

我兒子教會我，殘缺可以化為通往高遠目標的踏腳石，除非自己接受了殘缺是種障礙，把殘缺當作藉口。

這位失聰小男孩一路從小學、中學、大學畢業，求學過程中都聽不見老師的聲音，除非近距離對他提高嗓門大喊。他沒有去上啟聰學校。**我們夫妻不讓他學手語**。我們下定決心要讓他過一般人的生活，正常地接觸其他孩子。這麼做的代價是我們不止一次與校方發生激烈的辯論；儘管如此，我們還是堅持這個決定。

他讀高中的時候，嘗試過戴電子助聽器，但沒有幫助；我們相信原因是先天聽力嚴重缺損。他六歲時，高登・威爾森醫師在芝加哥為他動了單側腦部手術，就發現了這個情況。

大學畢業前那一週（距離手術已過了十八年），他遇到一件事，成為了一生中最重要的轉捩點。機會巧合下，廠商送了另一副電子助聽器讓他試用。他原本興趣缺缺，因為之前就用過類似的輔助器，但是效果不佳。後來抱著姑且一試的心情，他拿起助聽器戴到頭上，裝好電池。沒想到！彷彿魔法棒揮了一下，他畢生**渴望擁有正常的聽力，此時居然成真了**！這是他一生之中第一次聽得和其他聽力正常的人一樣清楚。「上主作為何等奧祕，行事偉大神奇。」

助聽器讓他的世界產生了翻天覆地的改變，令他狂喜不已。他衝到電話前，打電話給他媽媽，在電話的另一端聽見了她的聲音，非常清楚。隔天去學校，他也清楚地聽見了課堂上教授講課的聲音，這可是有生以來頭一回！以前除非教授在近距離內用大喊的，否則他根本聽不見。他聽得見收音機廣播。他**聽到**電影的聲音了。生平第一次，他能跟別人流暢地對談聊天，而不需要對方用喊的。他真正擁有了一個嶄新的世界。我們拒絕接受大自然的失誤，憑著**堅持不懈的渴望**讓大自然用我們能力範圍之內唯一可行的方式，修正了這個失誤。

渴望的力量開始顯現出來了，但這還不是完整的勝利。孩子還需要找到一種具體明確的方式，把缺陷轉化成**相應的資產**。

能走到這一步，已是意義非凡了，他似乎還沒有意識到這一點，但在獲得全新聲音的狂喜之下，他寫了一封信給助聽器廠商，描述他發生的事情，雀躍無比。也許是被那封信打動了，廠商邀請他去紐約參訪一趟。抵達紐約後，廠商陪著他參觀了工廠。他一邊參觀，一邊跟總工程師聊天，分享自己的新世界。就在這個過程中，他心裡忽然閃過一種直覺、一個想法，或說一道靈感——叫什麼都好——就是這份**意念的衝動**把他的缺陷轉成了資產，注定了接下來要為無數人帶來財富與幸福。

那份意念的衝動簡單來說是這樣：他忽然想到還有好幾百萬失聰人口，沒有享受到助聽器帶來的便利。自己或許能幫上忙，與他們分享經驗，讓他們一起感受到「嶄新的世界」。於是，他當場就在內心下了決定，要貢獻餘生給失聰人口，把有用的聽力裝置帶給他們。

接下來整整一個月，他針對助聽器廠商的整套行銷系統做了密集的研究，接著建立溝通管道，與全世界聽障人士聯繫，向他們分享自己發現的「嶄新世界」。完成之後，他又根據這些研究成果，寫了一份兩年計畫，再向助聽器廠商提案，希望能實現這份計畫。公司看了這個提案，立刻錄取了他，給了他一份職務。

前往赴任的時候，他做夢也不會想到，自己即將為數以千計的失聰人士帶來莫大的希望與實際的幫助。沒有他的幫忙，他們恐怕注定要終身受聾啞之苦。

從助聽器的用戶變成員工之後不久，他邀請我去參加一堂他們公司舉辦的課程，課程目的是教聾啞人士如何聽與說。我從沒聽說過類似的課程，於是就半信半疑地去了，心想該不會是在浪費時間吧？沒想到，當年我做了很多努力，試圖燃起兒子心中對正常聽力的**渴望**，這堂課做了一樣的事情，而且做得更好更完整。我見到了聾啞人士透過學習，真的能夠聽與說。過程中運用的原則，跟二十年前我用在兒子身上的是一樣的。他們成功掙脫了聾啞的命運。

就這樣，因為某種難以言說的命運之輪安排，我與我的兒子布萊爾注定要走上幫助聾啞人士之途，因為就我所知我們是目前史上唯一的案例，成功地把聾啞症矯正到能恢復正常生活的程度。如果我們做得到，那麼其他人一定也做得到。

我心裡清楚，如果我和布萊爾的媽媽沒有這樣拚命灌輸，他勢必會終身無法聽說。為他接生的醫師很肯定地告訴我們，這孩子一輩子都聽不見、也不會說話。但幾週前，歐文・沃爾希斯醫師為布萊爾做了詳細的檢查，他是聾啞症領域知名的專家。他目睹我兒子聽說之流暢非常驚訝，告訴我們檢查結果顯示「理論上，這孩子應該完全聽不見才對」。但布萊爾真的聽得見，雖然X光影像顯示他顱骨上原本該是耳朵的位置，與腦部的連接處根本沒有孔道。

當年我在他心中深植下能聽能說、過正常人生活的**渴望**，這股意念就以某種未知的方式發揮作用影響了大自然，讓大自然建起了一座橋梁，橫跨過阻擋在他大腦與外界之間那道無聲的深谷，其中的奧妙就連最精銳的醫學專家都無法解釋。大自然到底是怎麼辦到的，我不敢妄自猜測，那簡直是一種褻瀆。我也知道，在這麼奇特的經驗裡，自己扮演的角色是多麼渺小。我有責任、也很幸運能告訴大家，我相信（而且這份相信並非無憑無據）只要心中有**渴望**、有**信念**，沒有什麼事情是不可能的。

熱切的渴望要轉化成相應的物質實相，有各種千迴百轉的方式。布萊爾**渴望**擁有正常的聽力，如今渴望成真了！他的先天缺陷如此嚴重，若不是因為有明確的**渴望**不斷驅策，很有可能會走上在街頭賣鉛筆維生的命運。這個缺陷如今反而成為媒介，讓他能貢獻一己之力，除了為千百萬聽障人士服務，也給了自己一份工作，在往後的人生可以不必為經濟問題發愁。

我在他小時候對他不斷灌輸，讓他**相信**自己的缺陷其實是一項資產，是可以善加利用的本錢，這些「善意的謊言」如今證明是有道理的。無論任何事情，只要有**信念**與**熱切的渴望**，沒有不能達成的。這些特質人人都能擁有。

多年來，我接觸過許多深受個人困擾所苦的人，我兒子是其中最突出的案例，清楚展現了**渴望**所能發揮的力量。作家有時候會犯一種錯，就是去寫自己其實不甚瞭解的主題。因著兒子天生的缺陷，讓我有特殊的機會親身驗證了**渴望的力量**。或許這是上天的安排，因為沒有人比他更有能力度過這一切，向世間示範**渴望**所能克服的挑戰。**如果連大自然都得向渴望的意志低頭，那麼照邏輯來說，人又怎會是熱切渴望的對手呢？**

人類心智的力量真是既神奇又奧妙！心智到底是如何窮盡環境中所有的條件，把**渴望**轉化成相應的物質實相，我們不得而知。或許在未來，科學會有辦法解釋一二。

我在兒子的心中深植下想要如常人一般聽與說的**渴望**，如今已然成真。在他心中植下**渴望**，能把天生的缺陷轉化成寶貴的資產，這個**渴望**也實現了。這麼驚人的成果，過程難以用言語描述，但包含了三個事實是確定的：首先，我心懷**信念**與**渴望結合**，而這份意念兒子感受到了。其次，我用各種方式，長期、不停地把這樣的意念傳達給他。第三，**他相信我**！

意念創造奇蹟

本章即將進入尾聲，我想跟大家聊聊近來剛傳出過世消息的歌唱家舒曼―海茵克夫人。媒體曾報導過一則她的過往軼事，很能透露出其不凡的性格，說明了她何以能開拓出如此輝煌的歌唱事業。我引述其中一段小故事，這段故事所彰顯的正是**渴望**的力量。

舒曼―海茵克夫人早年曾拜訪維也納宮廷歌劇院，希望能有機會在指揮家面前試唱一回。但指揮家沒有答應，他看了一眼這位舉止笨拙、衣著寒酸的年輕女孩，嘆了口氣，不客氣地說：「妳長得太普通，也沒有特別的魅力，要怎麼吃這行飯呢？放棄這個想法。年輕人，回去吧！買一台縫紉機，做點平凡工作就好了。**妳永遠不可能成為歌唱家**。」

「永遠」二字說得太武斷了。歌劇院指揮家在歌唱方面或許是專家，但對渴望的力量卻一無所知，尤其是當渴望成為執念，蘊含的力量更是驚人。當年他若是明白這一點，就不會誤把天才當成庸才，沒給舒曼–海茵克夫人機會了。

幾年前，我的一位同事生了重病，健康每況愈下，不得不進醫院動手術救命。他被推進手術室之前，我去醫院探望，他變得又瘦弱又憔悴，我心想他怕是無法熬過重大手術。醫師也要我有心理準備，這有可能是我見到他的最後一次。但那是**醫師的意見**，病人可不這麼想。被推進手術室前，我的同事用虛弱的聲音對我說：「別擔心啊，主任。過幾天我就會出院了。」負責照護的護士望著我，一臉同情。但病人後來真的挺過了難關。事情告一段落之後，他的醫師告訴我：「想活下去的渴望救了他。要不是他拒絕接受死亡的事實，手術一定熬不過去的。」

我深信**渴望**與**信念**的力量，因為我見證過這股力量讓一個人從卑微的處境逐漸攀升到權力與財富的巔峰；也見證過這股力量讓瀕死之人轉危為安；我見證了有人在經歷無數次失敗後，憑著渴望與信念捲土重來、東山再起；也見證了我兒子憑著渴望與信念，戰勝天生沒有耳朵的缺陷，快樂、成功地過著正常生活。

我們要如何掌控及運用**渴望**的力量呢？這本書的種種，便是在回答這個問題。美國剛經歷了一場史上最漫長、最嚴重的經濟大蕭條，值此之際，我期待渴望的力量能傳遍社會的每個角落。無論是因大蕭條而受創，還是失業或破產的人，想必都會希望知道該如何運用渴望的力量重整旗鼓、奮發再起。我希望傳達一個意念：所有的成就，無論性質和目的是什麼，起點都是有明確目標的**熱切渴望**。

大自然有一股難以言說的力量，透過奇妙又強大的「心靈化學反應」，在**強烈渴望**的衝動下包藏了「某種東西」，它絕對不承認不可能的字眼，也不會將失敗當成事實來接受。

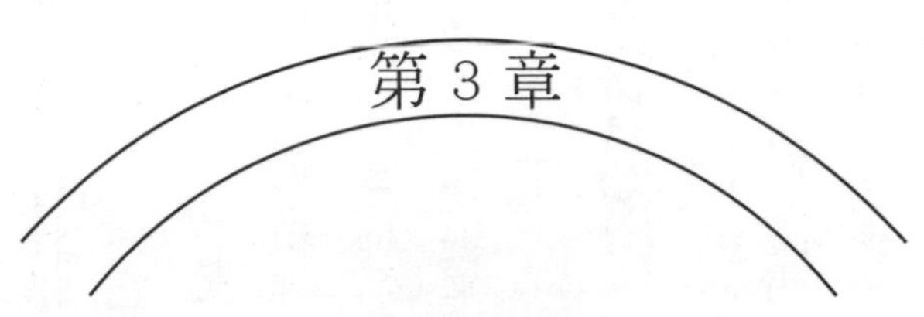

第 3 章

信念

{成功致富法則之二}

相信渴望已成真，觀想成功的願景

信念是心智的頭號化學家。當**信念**與意念融合時，潛意識就會立刻感應到這股振動，並將之轉化為相應的心靈力量，再傳送給主宰一切的無上智慧，就像禱告的情形一樣。

信念、**愛**以及**性**是蘊含最強大力量的正面情緒。當這三者融合時，便會「渲染」意念的振動，使它立即到達潛意識，並在那裡轉化為相應的心靈力量，這也是唯一能引發無上智慧回應的形式。

愛與信念屬於精神層次，和一個人的心靈面相關。性則純然是生物層面，僅和肉體相關。這三種情緒的融合或混雜，能在一個人有限的思維心智以及無上智慧之間開啟了直接溝通的管道。

如何培養正面信念

接下來的這段說明，將會讓你更理解將渴望轉化為相應的物質或金錢時，自我暗示的重要性。換句話說：**信念**是一種心智狀態，藉由自我暗示的方法，透過向潛意識不斷進行自我肯定或下達指令，就能激發或創造出信念。

舉個例子，請思考一下你閱讀這本書的目的是什麼，當然是想要獲得那股微妙力量，能將無形的**渴望意念**衝動轉化為相應的實相，也就是財富。請按照後續〈自我暗示〉及〈潛意識〉章節裡的指令摘要，一旦你**說服**潛意識**相信**你能夠得到你想要的東西，潛意識會先將你的意念變成「**信念**」的形式回傳給你，接下來提供你實現渴望的明確計畫。

要對一個不存有**信念**的人，說明如何培養**信念**極為困難。事實上，這就好像對盲人解釋什麼是紅色一樣，因為他根本沒看過顏色，沒有東西可以作為類比來解釋。然而只要通曉並掌握本書的十三個成功致富法則，信念就會是一種你可以依照自我意志培養的心智狀態，因為藉由運用這些法則，信念就會自然而然產生。

不斷地向潛意識傳達自我肯定的指令，是自行培養信念已知的唯一方法。

或許我們可以探討有些人會成為罪犯的情形，就更能清楚說明上述這句話的意涵。一位著名的犯罪學家曾說過：「當人們第一次接觸犯罪時，他們會感到憎惡。但如果持續接觸犯罪一段時間，他們就會變得習慣了，能夠忍受犯罪。如果接觸的時間夠長，將會接受犯罪，並深受影響。」

同樣的道理，如果不斷地向潛意識傳達意念衝動，最終潛意識就會接受它，受到影響而發生作用，進而用最實際可行的步驟，將意念衝動轉化為相應的實相。

還有一句相關的話請再思考一下：**所有被情緒化**（被賦予感覺）的意念，一旦**與信念融合之後**，將會立刻開始轉化為相應或對等的物質實相。

意念的情緒或「感覺」的部分，是賦予意念活力、生命力和行動力的重要因素。當**信念**、**愛**與**性**這些情緒和任何意念衝動融合時，遠大於任何單一的情緒所提供的行動力。

意念衝動不僅會和**信念**融合，它還會與任何正面或負面情緒融合，都將傳到潛意識，進而發揮影響力。

由以上說明，你可以瞭解潛意識會將意念衝動轉化為相應的實相，無論是帶有負面或破壞性的意念衝動，還是充滿正面或建設性的意念衝動，一樣都會轉化為相應的實相。這種情形為數百萬人曾經歷的「不幸」或「運氣不好」的奇怪現象提供了一個解釋。

有數以百萬的人**相信**自己的貧窮和失敗是「命中注定」，因為他們**相信**世上存在某些自己無法掌控的奇異力量。其實他們就是自身「不幸」的催生者，因為他們抱持這種負面的**相信**，於是潛意識也接受了這種信念，而且將其轉化為相應的實相。

所以在這裡有必要再強調一次：將任何你想要實現的**渴望**轉化為相應的物質或財富，以正面的方式傳達到潛意識，那麼轉變就會真的發生。你的**相信**或**信念**，就是決定你潛意識活動的重要元素。當你透過自我暗示給予潛意識指令，就沒有東西能夠阻礙你「哄勸」自己的潛意識，就好像我哄勸我兒子的潛意識一樣。

為了要讓這種「哄勸」更逼真，請你召喚潛意識時，要表現得彷彿**你已經擁有你所渴望的東西**。

以**相信**或**信念**這樣的心智狀態所傳達給潛意識的指令，都能讓潛意識以最直接且實際可行的方式執行，將你的渴望實現，轉化為相應的物質實相。

這些說明已經夠詳細了，坐而言不如起而行，現在就可以開始藉由試驗與練習將任何指令與**信念**融合，傳達給潛意識。只要你不斷地練習，這種能力就會熟能生巧。如果你光只是**看看**而已，並**不能**幫你達到目的。

沒錯，一個人光只是經常接觸犯罪，就可能會成為犯罪的一分子（這是一個已知的事實）；同樣的，透過向潛意識傳達融合信念的自發性暗示，一個人也可以培養信念。最終，心智就會接受潛意識的暗示，深受影響。瞭解這個事實後，你知道重要的是要激發**正面情緒**作為支配心智的力量，並**去除**負面情緒。

一個由正面情緒支配心智，很容易培養信念的心智狀態。這樣的心智可以自主地向潛意識下令，且潛意識會立即接受並採取行動。

引發信念的自我暗示

從古至今，宗教人士一直透過各種教義或信條宣揚人們要「有信念」，可是卻沒有告訴人們**如何**擁有它。他們也未曾說明「信念是一種心智狀態，而且可以透過自我暗示而引發」。

我們將會使用任何人都能夠理解的文字，說明**信念**可以從無到有加以培養。

對你自己懷抱信念；對無上智慧懷抱信念。

在我們開始之前，我要再提醒一次：

信念是「永恆的靈丹妙藥」，它能夠為意念衝動賦予活力、動力和實踐力！

上述這句話值得多讀幾次，讀一次不夠，要讀第二次、第三次、第四次，並且大聲唸出來！

信念是所有財富累積的起點！

信念是所有「奇蹟」以及所有科學方法無法解釋的神祕事物所發生的基礎！

信念是**失敗**已知的唯一剋星！

信念是一種元素，一種不可或缺的「催化劑」，當它與祈禱融合時，就能直接與無上智慧溝通。

信念是一種元素，能將一個人有限心智的尋常意念振動，轉化爲相應的精神力量。

信念是唯一的催化劑，能讓一個人運用無上智慧所擁有的無窮宇宙之力。

上述每一句話都是鐵證般的事實！

而且證明方法簡單明瞭，就蘊含在自我暗示的原理中。就讓我們聚焦在自我暗示這個主題上，看看它究竟是什麼東西，以及能達到什麼效果。

有一個眾所周知的事實，就是**不管眞假**，只要不斷重複地向一個人敘述，最後就會**相信**了。如果一個人不斷地說謊，最終他將會接受自己說的謊言，也就是**相信**自己說的謊言是真的。人之所以各有不同，是因為每個人心中所盤據的**主要意念**而不同。當你刻意在心中保持某個意念，對它有所共感，並摻入一種或更多的情緒後，就會形成驅動力，能夠支配及控制你的一舉一動！

下面是一個非常重要的真理：

當意念和任何一種感覺或情緒融合時，能夠形成一種「磁力」，吸引與它相似或相關的意念。和情緒融合的意念所形成的「磁力」，可以用一顆種子被種在沃土作為比喻，它會開始發芽、成長，不斷繁衍，直到從一顆小種子變成無數**同一品種的**種子！

所謂以太就是偉大宇宙永恆力量的振動，這種振動包含破壞性和建設性的振動，隨時都在運行，包含恐懼、貧窮、疾病、失敗、苦難的振動，也包括繁榮、健康、成功和快樂的振動，就好像一首上百人演奏的管絃樂曲，伴隨著上百人的聲音，各自保留獨特性與識別度，從收音機這種媒介傳出來。

從以太這座大倉庫裡，人類的心智會不斷吸引和自己**中心**思想共鳴的振動。一個人心裡**抱持**的任何意念、想法、計畫或目標，能夠吸引與振動頻率相近的「同類」，壯大聲勢，直到它成為心中主宰**行動力的主人**。

現在讓我們回到出發點，瞭解要如何將想法、計畫或目標的原始種子種在心智中。其實淺顯易懂：**透過重複的意念**，任何想法、計畫或目標都可以種在心智中。這就是為什麼我們會要求你明確地寫下你主要目標或明確的大方向，牢記於心，每天不斷重複地唸出來讓自己聽見，直到這些聲音的振動傳到你的潛意識。

我們之所以是我們，是因為我們從每天日常環境的刺激中，選擇及記錄下哪些意念振動。

下定決心拋開任何不幸的環境影響，重建自己的生活**秩序**。當你審視自我的精神資產和不利條件時，可能發現自己最大的弱點就是缺乏自信心。你可以藉由自我暗示的幫助，克服沒自信的阻礙，進而將膽怯轉化為勇氣。可以透過將正向的意念衝動簡單地寫下來，熟記後重複背誦，直到存在潛意識為你所用為止。

自信心法則

1. 我知道自己有能力達成人生的**明確目標**，所以我**要求**自己堅持不懈地付出行動直到達成目標，我在此發誓會確實執行。
2. 我瞭解內心的主要意念，最終將潛移默化我外在的實際行為，逐步透過行動轉化為物質實相。因此，我每天都會用三十分鐘專注於意念，思索我想要成為什麼樣的人，從而在心裡描繪出清楚的樣貌。

3. 我知道藉由自我暗示的方法，任何在我心智堅定抱持的渴望，最終將會透過某些實際的達成方法獲得實踐，因此，我每天會用十分鐘培養**自信心**。

4. 我已經清楚地寫下我人生**明確的主要目標**，我絕不會停止努力，直到我擁有足夠的自信心來達成目標。

5. 我完全瞭解任何財富或地位除非是建立在真理和正義的基礎上，否則無法長久，因此，除非是能為人們帶來益處的交易，否則我絕對不會從事。我要吸引一切所需運用的正面力量，藉此與其他人的合作，進而獲得成功。我樂意為眾人效力，所以別人也會樂於幫助我。我要培養對所有人類的愛，消除憎恨、妒忌、自私和譏諷，因為我知道以負面的態度對待他人，絕對不會為我帶來成功。我讓大家願意相信我，因為我除了相信自己，同時也相信大家。

我會在這些法則上簽下我的名字，牢記在心，每天大聲朗讀一次，並且充滿**信念**，它會逐漸地影響我的**意念**和**行動**，讓我成為一個自立可靠的成功人士。

上述自信心法則的背後，是至今仍無人能解釋清楚的**自然**法則。它困擾了所有時代的科學家。心理學家已將這個法則命名為「自我暗示」，流傳下來。

其實要怎麼稱呼這個法則並不是那麼重要，真正重要的事實是：**如果**在積極層面上運用得當，對追求榮耀和成功是**有效的**。相對來說，如果用在破壞層面上，破壞力也是全面性的災難。這樣的說明隱含著一個非常重要的事實，也就是那些被挫敗擊垮，在貧窮、苦難及憂傷度過一生的人們，是因為使用了負面的自我暗示法則。原因在於，**所有的意念衝動都會顯化爲相應的物質實相**。

潛意識（在化學實驗室裡，認為所有的意念衝動都是一種化合物，而且只要再施以適當的應力，就會轉為物質實相）無法區別建設性和破壞性的意念衝動。我們的意念衝動餵養它什麼，它就吸收什麼。潛意識會將由**恐懼**所驅動的意念衝動轉化為實相，它一樣也會將由**勇氣**或**信念**所驅動的意念衝動轉化為實相。

在醫學史上「自殺暗示」的例子不勝枚舉。一個人可能會因為負面的自我暗示而自殺，這方法和其他自我了斷的手段一樣有效。在美國中西部的一座城市裡，有位名叫喬瑟夫．葛蘭特的銀行行員，未經長官同意就向銀行「借」了一筆錢，拿去賭博輸光了。某天下午，銀行稽核員來檢查，葛蘭特開溜了，住進當地飯店的一間房間，當他被發現時已經是三天之後。他人躺在床上嚎啕大哭，不斷重複呻吟著：「我的老天，這會殺了我！這實在太丟人了，我沒辦法忍受。」沒多久，葛蘭特就一命嗚呼了。醫師宣稱這是一個「精神自殺」的案例。

就好像電力如果從建設面提供有用的服務，就能推動工業化運轉的巨輪，但如果錯誤使用，則可能會奪走人命。因此，自我暗示會帶給你平安豐饒的人生，還是苦難、挫折與死亡的深淵，端看你夠不夠瞭解以及如何運用它。

如果你心中充滿害怕、又疑又懼，不相信自己可以連結無上智慧，運用其力量，自我暗示也將這種不信傳給潛意識，就會轉化為相應的物質實相。

這段句子就像二加二等於四一樣，是毫無疑問的真理！

就像風可以讓船往東，也可以讓船往西，端看你如何駕馭你的**意念**，自我暗示能帶你凌空高飛或是墜入深淵。

藉由自我暗示的方法，任何人都會達到無法想像的成就高度，下面這首詩詮釋得很好：

如果你**想著**自己會被打敗，你就會被打敗了，

如果你**想著**自己沒有勇氣，你就沒有勇氣了，

如果你**想要**成功，但你**想著**自己做不到，
那就幾乎確定了你做不到。

如果你**想著**自己會失敗，你就會失敗，
從那些舉世無雙的豐功偉業中我們發現，
成功始於一個人的意志——
一切都取決於**心智的狀態**。

如果你**想著**自己已被超前，你就眞的會落於人後，
你必須**想**得夠高才能躍起，
在你獲得任何榮譽之前，
你必須**先肯定**自己可以做到。

人生的戰役並不總是
對力量更強或速度更快的人有利，
終究會贏得勝利的

是相信自己可以的人！

請好好閱讀上面以粗體強調的文字，你將能夠領會這首詩的深層意涵，並牢記於心。

沉睡的天賦

在你這個人組成的某處（也許就在你大腦的細胞裡），成就的種子正在**沉睡**，一旦被喚醒，付諸行動，就能帶領你達到未曾想望的高度。

就像一位音樂大師可以將最美妙的音樂，透過小提琴的琴弦使其傾瀉而出，你也可以喚醒沉睡在腦中的天賦，讓它引領你奮起，達成你想實現的任何目標。

亞伯拉罕．林肯在四十歲之前，嘗試過的所有事屢屢失敗。他是一個不知從哪裡冒出來的無名小卒，直到一段美妙的體驗出現了，喚醒他在心裡和腦中沉睡的天賦，於是世界誕生了一位真正的偉人。那段奇妙的「體驗」混雜了悲傷與**愛**兩種情緒，來自於他唯一摯愛的女人安．拉特利奇。

眾所周知，**愛**與**信念**是非常相似的兩種情緒，這是因為**愛**也能夠將一個人的意念衝動轉化為相應的心靈力量。我分析研究幾百位傑出男性的畢生事業和成就，發現**他們每位**幾乎都受到心愛女性的影響，也就是有她們的愛作為後盾。人類心裡和腦中的愛會形成有利的磁力吸引，注入以太流傳的更高及更精微振動。

如果你想尋求**信念**具有強大力量的證據，不妨研究一下歷史上運用信念實現不凡成就的男男女女。在這份清單，拿撒勒人耶穌可居首位。在西方，基督教可說是影響人類心智最偉大的單一力量。而基督教的立基點就是**信念**，不論有多少人可能扭曲或誤解了這個偉大力量的意義，也不管有多少教義和信條以其名創建，都無法反映其核心宗旨。

或許會有人將耶穌的教誨和事蹟視為「奇蹟」，但更精準地說其實就是**信念**。如果這麼多被稱為「**奇蹟**」的現象，其實也是由俗稱**信念**的心智狀態所辦到的！部分宗教導師和許多自稱基督徒的人，既不瞭解信念，也不練習培養**信念**。

讓我們以舉世聞名的印度聖雄甘地為例，來思考**信念**的力量。甘地是舉世最令人驚奇的信念典範，因為他展現了**信念**的無窮可能性。甘地運用的潛在力量遠超過同個時代的所有人，卻完全沒有傳統的權力工具，比方金錢、戰艦、軍力及戰爭資源。甘地沒錢、沒家，甚至連衣服也沒有，但**他卻真正擁有力量**。他是如何獲得那股力量呢？

甘地憑著對信念法則的瞭解，透過自身能力，將信念散播深植到兩億人的心智中，創造了那股力量。

藉由**信念**的影響，甘地完成了壯舉，即使是世上最強大的武力也無法達成。進一步說，甘地的成就絕非可以藉由軍力和戰爭達成。他**影響**了兩億人的心智，使他們**團結一心**，**一致行動**，成就了震驚世人的偉業。

除了**信念**，世界上還有什麼力量能夠達到這種效果呢？

一個想法如何聚積巨大財富？

終有一天，雇主和員工都會發現**信念**有無限的可能性，而那天即將到來。在經濟大蕭條時期，全世界擁有足夠的機會目睹**缺乏信念**會對企業造成什麼影響。

毫無疑問地，文明社會已經產生夠多的聰明人士，懂得運用大蕭條為全世界教導的寶貴課程。在經濟大蕭條時期，已經證明不斷散布且瀰漫全世界的**恐懼**，會讓轉動工業和商業的巨輪陷入停滯。從這樣的歷史經驗中，工商業將會出現領導者效法舉世聞名的甘地，以同樣的策略運用在商業層面而創造獲利。這些領導者將會是來自鋼鐵業、煤礦業、汽車製造業各家工廠基層的無名小卒，橫跨全美國各個大城小鎮。

企業已經到了變革轉型的時刻，千萬別在這個關頭做出錯誤判斷！過去以**強力**和**恐懼**的經濟結合方式，將會被更好的**信念**與合作原則所取代。人們工作一天所得的報酬將會更多；他們將會和為公司提供資金的股東一樣，收到公司發放的股利。但首先，他們必須對**雇主付出更多**，應停止犧牲公眾利益作為交換的強力爭吵和討價還價。**勞工必須享有領取分紅的權利！**

此外，最重要的是：**他們會被能夠瞭解並運用甘地主義的領導者所帶領**。因為唯有如此，領導者才能得到追隨者發自內心的**完全**合作，進而建立最強大且能長久存續的權力形式。

我們生在這個巨大且驚人的機械時代，才形成不久就已經掏空人們的靈魂。領導者驅使人們如同一件件機械裝置；由於和員工討價還價達成的協議，他們也被迫如此行事，雙方衡量的都是「獲得」，而不是**給予**，因此一切都是這種思考邏輯所付出的代價。然而，未來的口號將會是**人類的幸福與充實**，一旦達到這樣的心智狀態，生產製造就會自發地井然有序，比以往更有效率，遠非人們不會及不能將勞動結合信念及個人利益的情況可比。

由於經營事業需要信念和合作，在此分析一個企業家和商人如何累積鉅額財富的個案，深入剖析在試圖**獲得**之前必須先**給予**，想必有趣且讓人受益。

讓我們回到一九〇〇年，美國鋼鐵公司剛成立的那一年。在閱讀這個故事時，請謹記這些根本的事實，你就會瞭解**想法**如何轉化為巨大的財富。

首先，規模龐大的美國鋼鐵公司最初是誕生於查爾斯．施瓦布的心中，是他的**想像**所產生的想法。再來，他將**想法融合信念**。第三，他明確地制定**計畫**，將自己的**想法**轉化為物質及財務的實相。第四，他以自己的計畫為主題，在大學俱樂部發表了一篇著名的演講。第五，他**持續不懈**地遵循並運用他的**計畫**，並且以堅定的**決心**為支撐，直到目標完全實現。第六，他以**熱切的渴望**排除邁向成功路上的所有障礙。

如果你跟許多人一樣，對累積巨大財富感到不解，美國鋼鐵公司的故事會讓你得到啟發。如果你對人可以靠**思考致富**有任何懷疑，這個故事應該能幫你消弭疑惑，因為你可以清楚地在這個故事中看到本書提到的十三個法則如何運用。

現在就讓我們透過《紐約世界電訊報》約翰．羅威爾充滿戲劇性的講述，看看施瓦布當年在大學俱樂部的精彩演講，領略一個**想法**所展現令人驚奇的力量，轉載如下：

一場十億美元的餐後演講

一九〇〇年十二月十二日傍晚，大約八十位美國金融仕紳都聚集在第五大道的大學俱樂部宴會廳裡，要向一個來自西部的年輕人表達敬意。然而，在場卻沒有幾個人想得到，他們即將目睹美國企業史上意義最重大的盛事。

這場盛會是由約瑟夫．愛德華．西蒙斯和查爾斯．史都華．史密斯舉辦的，他們兩人稍早在造訪匹茲堡期間，對施瓦布親切慷慨的款待滿懷感謝，於是安排了這場晚宴，要將這位三十八歲的鋼鐵界青年才俊介紹給東部銀行的社交圈。但他們沒預料到這個年輕人會語驚四座。事實上他們還提醒施瓦布，古板老派的紐約人不會對一場演講有什麼反應。再者，如果他不想讓史迪曼斯、哈瑞曼斯、范德比爾特覺得無聊，那最好把自己「客套的場面話」控制在十五或二十分鐘左右，不要多講。

約翰．皮爾龐特．摩根坐在施瓦布右手邊，雖然給足了施瓦布面子，卻只想短暫停留。對記者和大眾來說，整場餐會一點都不重要，除非沒其他新聞，不然完全不會登上隔天的報紙。

就這樣，兩位主人和貴賓用完七、八道菜，交談不多，話題也很有限。在場的銀行家和股票經紀人沒有幾位見過施瓦布，即便他的事業在莫農加希拉河沿岸已經發展得有聲有色，但還是沒多少人熟悉他。然而，就在這場晚宴即將結束，包括金主摩根等所有貴賓都準備離開時，一個價值十億美元的公司雛形，也就是美國鋼鐵公司已然成形了。

從歷史的角度來看，施瓦布的這場演沒有記錄下來是件憾事。後來他和芝加哥的一些銀行家見面，也重現了那場演講的部分內容。過了一段時間，當政府要解散鋼鐵托拉斯時，他再度以那篇在大學俱樂部的演講內容，曾促使摩根加入這令人激昂的大型金融行動，向政府進行遊說。

也許那是一篇「平凡」的演講，有些地方還有文法錯誤（華麗優美的詞藻一向不是施瓦布會在意的），內容充滿詼諧的語言與智慧的對話。此外，從中具有如電流般令人震驚的力量和效果，令那些身價高達五十億美元的與會者陶醉不已。在施瓦布的演講結束後，整個宴會仍然在這股魔力的影響之下。儘管施瓦布已經高談闊論了九十分鐘，摩根還是把這個年輕人帶到窗邊的休息處，坐在不舒適的高腳椅上，雙腳懸空，兩個人又交談了一個小時。

施瓦布開始充分地展現性格中不可思議的魔力，但更重要且影響深遠的是，他爲擴展強化鋼鐵業所制定的成熟明確計畫。許多人都曾試圖遊說摩根效法餅乾業、電纜業、糖業、橡膠業、威士忌業、石油業以及口香糖等行業的模式，組成鋼鐵業的托拉斯。一個名叫約翰·蓋茲的投機客就曾這樣力勸摩根，但摩根不相信他。還有摩爾家族的兄弟檔比爾和吉姆，他們是芝加哥的股票經紀人，曾經搓和火柴業托拉斯和一家餅乾公司的合併，但最後摩根都駁回了。一名道貌岸然的鄉村律師艾伯特·蓋瑞也想促成其事，同樣也鎩羽而歸。一直到施瓦布頭頭是道的雄辯，才領摩根到能夠綜觀全局的高度，清楚地預見這有史以來最大膽的生意提案將會帶來的堅實成果。爲什麼說大膽呢？因爲這項計畫同時也被看成是輕鬆賺大錢的狂想美夢。

早在數十年前，金融財務磁力就被用來吸引上千家小型和營運欠佳的公司，將其合併爲一間具有輾壓性競爭力的大型公司。生性快活的商業海盜約翰·蓋茲，也在鋼鐵業如法炮製。蓋茲合併一連串的小公司，成立了美國鋼鐵暨電纜公司，又和摩根創立了聯邦鋼鐵公司。而全國鋼管公司和美國橋梁公司是摩根的兩大目標，加上摩爾兄弟已經放棄失敗的併購，另外成立了「美國」集團事業，旗下包括美國馬口鐵公司、美國鋼箍公司、美國鋼板公司以及國家鋼鐵公司。

但與安德魯·卡內基旗下由五十三名合夥人經營的龐大垂直托拉斯相比，這些結合根本不值一提。其他企業也許會一直合併下去，但縱使全部加起來，也對卡內基產生不了什麼威脅，摩根很清楚這一點。

卡內基這位古怪的老蘇格蘭人也一樣了然於胸。他在宏偉的斯基博城堡居高臨下，一開始帶著幾許興味，然後開始氣憤地看著摩根的小公司試圖闖進他的事業版圖。當摩根的行動越來越大膽後，卡內基的怒火被激起，決定進行報復。他決定複製對手擁有的每一間工廠。卡內基原本對電纜、鋼管、鋼箍或鋼板並沒有興趣，只想把粗鋼銷售給這些公司，讓他們加工成爲任何他們想要的產品。現在，有了施瓦布這樣的得力助手，摩根計畫一舉將他的敵人逼至絕境。

所以，就是施瓦布的演講讓摩根看到了自己所面臨問題的答案所在。一個鋼鐵托拉斯如果沒有卡內基，根本稱不上是托拉斯，套句某位作家的話，那是沒有葡萄乾的葡萄乾布丁。

施瓦布在一九〇〇年十二月十二日那晚的演講，雖然沒有擔保任何事，但無疑地提出一項推論：卡內基龐大的事業可以被合併到摩根的旗下。施瓦布談論到鋼鐵業的未來，談到組織重整提高效率、分工專業化、關閉經營不善的鋼鐵廠、專注經營績優的工廠、提升礦砂運輸的經濟效益、管理和行政部門的精簡，以及進軍海外市場等等。

不僅如此，他也告訴在場的投機客商業海盜慣常的經營模式將會在何時何處出錯。他推斷這些人的意圖是要進行壟斷、哄抬價格，然後藉此賺取豐厚的利潤。施瓦布發自內心地譴責這樣的作爲，他告訴聽眾這類策略是如何的短視，會在這一切都亟欲尋求擴張的年代，限制市場的發展。而透過降低鋼鐵的成本，他認爲將會產生一個前所未見且不斷擴展的市場；鋼鐵的更多用途將會被設計發明出來，能夠創造相當的世界鋼材貿易占有率。雖然施瓦布自己不知道，但事實上，他就是現代化產品大量生產的先驅。

大學俱樂部的那場晚宴結束後，摩根回到家，思考著施瓦布演講所提到的美好預言。施瓦布回到匹茲堡爲卡內基主持鋼鐵業務；蓋瑞和其他人則繼續緊盯股票行情，摸索並等待下一個機會。

然而並沒有太久時間，摩根花了大概一個星期消化施瓦布的智慧言論。在確定計畫不會影響財務狀況後，他邀請施瓦布一見，但發現這個年輕人表現出爲難的樣子。施瓦布暗示，如果卡內基先生發現他自己最信任的公司總裁，曾經和華爾街之王私下見面，可能會不高興，因爲卡內基曾下過決心，絕不踏入華爾街一步。而充當中間人的約翰．蓋茲提議，如果施瓦布「碰巧」出現在費城的貝爾維尤飯店，那麼摩根可能也「碰巧」會在那裡。然而，當施瓦布抵達飯店時，摩根卻因爲身體不適還待在紐約家中。於是，就在這位長輩迫切的邀請下，施瓦布前往紐約，出現在這位金融家的書房前。

現在，有些經濟學者宣稱這齣戲自始至終都是由卡內基自編自導，從施瓦布在那場晚宴上的演講開始，到週日晚上施瓦布和摩根這位金融大王的會談，一切都是由這個老謀深算的蘇格蘭人所安排。但事實恰恰相反，當施瓦布被邀請前往完成這筆交易時，他甚至不知道「小老闆」（他對卡內基的稱呼）是否會接受提議，尤其交易對象是他認爲不太高尚的人。但施瓦布前往商談時，身上確實帶著卡內基親手寫下的六張銅版印刷字樣的評估單，是他視爲未來新金屬產業的明日之星，每家鋼鐵公司的實際價值以及潛在獲利空間。

有四個人對這些數字仔細琢磨了一整晚，首先當然是對金錢的神聖權力抱有堅定信念的摩根；再來是他老謀深算的夥伴羅伯特·培根，此人既是一名學者也是一位紳士；第三位是約翰·蓋茲，摩根將他當作工具利用的投機客；最後一位則是施瓦布，他對鋼鐵製造和銷售的瞭解，凌駕當時所有人。在討論過程中沒有人質疑施瓦布提出的數字，只要他說一家公司值多少，那一家公司就值多少，剛剛好不多也不少，他同時也堅持只併購他指定的那幾家公司。施瓦布已經想出一家不疊床架屋浪費資源的公司，也不會圖利那些想要依靠摩根，擺脫他們手上生意來大賺一筆的朋友。因此，他略過了一些大公司，因爲華爾街的豺狼虎豹已經對其投以飢餓的眼光。

直到天色破曉，摩根起身舒展，把他的背伸直。最後還有一個問題。「你認爲你可以說服卡內基賣掉他的公司嗎？」摩根問道。

施瓦布回答：「我可以試試。」

摩根又說：「如果你可以做到，我就會正式著手進行這件事。」

截至目前爲止的發展還算不錯，但卡內基會願意賣出他的資產嗎？他會開多少價？（施瓦布心中的數字大概是三億兩千萬美元。）他要用什麼支付方式？是普通股或是優先股？債券還是現金？但沒有人能夠籌到如此高的現金鉅款。

一月，在威斯特徹斯特的聖安德魯高爾夫球場一處滿是凍霜樹叢的荒原，有一場高爾夫球賽，選手是施瓦布與卡內基兩個人。陪同身上裹著毛衣禦寒的卡內基，施瓦布一如往常滔滔不絕地談笑來讓卡內基開心。但直到這兩個人在卡內基位於附近舒適溫暖的度假別墅裡坐下前，有關生意上的事情施瓦布連一個字也沒提到。隨後，憑藉和大學俱樂部那晚，讓八十位富翁著迷同樣的說服力，施瓦布提出令人目眩的承諾，包括高枕無憂的退休生活，還有能夠滿足一位老者任何願望的天文數字報酬。於是卡內基被說服，他在一張紙條上寫下一個數字交給施瓦布，然後說道，「好吧！這就是我們要賣出的價錢。」

這個數字大約是四億美元，是以施瓦布所提的三億兩千萬爲底價，再加上未來兩年預計的增值八千萬所訂出。

後來，在一艘橫渡大西洋的郵輪甲板上，這位蘇格蘭人懊悔地向摩根苦笑道：「當初我應該跟你多要一億美元的。」

摩根愉快地答道：「如果你當初這麼要求，那一億元現在就是你的了。」

×　×　×

想當然耳，這件事引起了騷動。一位英國通訊記者發了一封越洋電報，報導這樁巨大的結合讓海外的鋼鐵業因而「膽戰心驚」。耶魯大學的校長哈德利宣稱，除非政府對不斷增長的托拉斯進行管制，否則未來二十五年我們將看到在華盛頓會出現一位皇帝。但聰明的股票操盤手基恩，強力地向大眾推銷這檔新的股票，募得的資金估計破天荒地將近六億美元，轉瞬就搶購一空。於是卡內基拿到了數百萬獲利，摩根則透過併購結盟，從這個當初他最大的「麻煩」得到了六千兩百萬元，而蓋茲和蓋瑞這些「小弟」也都獲得了數百萬元。

×　×　×

而三十八歲的施瓦布也獲得了回報。他上任爲新集團的總裁，並且持續掌權直到一九三〇年。

財富始於意念

你剛剛讀完這個「龐大事業」的戲劇性故事，它是**渴望能轉化爲相應物質實相**的完美範例。

我可以想像有些讀者會懷疑，僅僅一個觸摸不到的無形**渴望**如何能轉化為相應的物質實相？毫無疑問地，他們會說「你無法將**虛無**轉化為**事物**！」而答案就在美國鋼鐵公司這個故事中。

這個龐大的組織是從一個男人的心中所產生。他想出結合多家鋼鐵廠，提供組織穩定財務的計畫。他的**信念**、他的**渴望**、他的**想像力**、他的**毅力**，是注入美國鋼鐵公司實實在在的養分。**在公司合法立案之後**，便取得煉鋼廠與相關機械設備，這或許可以說是偶然，但仔細分析就可以揭露一個事實，也就是公司所得到的估價比合併前增值**六億美元**，這是將工廠合併在一個領導管理體系之下所進行的交易而帶來的。

換句話說，施瓦布的**想法**加上他傳達給摩根和其他人的**信念**，在市場上創造了大約六億美元的獲利。這對區區一個**想法**而言，實在是天文數字！

我們還沒考慮到的，還有那些人從這項交易得到股份帶來的數百萬元利潤。這項驚人成就最重要的特點，是其作為佐證了本書中所闡述的原理，一個目標遠大的想法具有實現的效果，因為整個交易的基礎就是本書所闡述的原理。再者，藉由美國鋼鐵公司的蓬勃發展，成為美國最富有且最強大的公司之一，雇用了數千名的員工，發展鋼鐵的新用途，開啟了新市場，證明了這個原理的可行性。這六億美元的獲利，就是從施瓦布腦袋中的**想法**賺來的。

財富就始於**意念**的形式！

只有不將心中**意念**付諸行動實現，才會限制財富的多寡。**信念**能排除一切限制！當你準備好開出價格為任何你想要的事物和**生活**談判時，請記住這點。

同樣地也請牢記，創立美國鋼鐵公司的人，當年只是一個無名小卒。他只是安德魯·卡內基的「助手」，直到他產生那個讓自己一舉成名的**想法**。隨後迅速發跡，成為兼具權力、名望與財富地位的成功人士。

第 4 章

自我暗示

{成功致富法則之三}

影響潛意識的媒介

自我暗示是指所有透過自身五感來影響我們心智的暗示及刺激，換句話說，自我暗示就是對自己下達暗示的意思。自我暗示是我們人類意識與潛意識的溝通媒介，負責將我們意識中的意念傳達給負責執行的潛意識。

我們**允許**在意識抱持的中心意念（不論正面或負面），都會透過自我暗示的機制傳給潛意識，進而影響它的運作。

除了存在於以太的意念之外，**我們任何的意念，不論正面或負面，只要沒有透過自我暗示機制的幫助，都無法進入到潛意識之中**。也就是說，任何透過五感要進入潛意識，都會需要經過**意識**這個關卡，或者放行，或者擋下。意識就像是守門員一樣，替我們的潛意識進行過濾的工作。

人類天生具備**絕對的主導權**，能夠控制所有經由五感進入到潛意識的一切感知，但擁有主導權並不意味著一個人有能力掌控**經驗**。這也說明了為什麼大部分人仍身處在貧窮之中，就是因為他們**沒有**善用這股力量。

請回想前述章節所提供的比喻，潛意識就像是一塊肥沃的園地，如果沒有播下自己渴望的種子，那麼這塊園地就會雜草蔓生。**自我暗示**就是一個人能夠善用的媒介，在潛意識中播下創造的種子，或者你也可以漫不經心，任由破壞性質的意念在你心智的沃土花園中任意滋生。

看見已握有財富的感覺

在第二章〈渴望〉所提及六個步驟的最後一步，已向你說明你必須每天兩次**大聲**唸出你所**寫下**的**財富渴望**，並且**觀想及感覺**自己**已**經擁有這些金錢了！透過執行這些步驟，你能將自己的**渴望**以堅定的**信念**傳給**潛意識**。反覆執行這些步驟，將有助於你將你的渴望顯化為相應的財富實相。

請先翻回第二章〈渴望〉，好好複習這六個步驟，之後再回來往下讀。當你讀到第七章〈有組織的計畫〉時，請特別留意建立「智囊團」的四個指引。透過比對這兩套指引和本章的內容，你就會明白這些指引都運用了自我暗示的原理。

請記得，大聲唸出你所寫下的渴望字句時（藉此培養「金錢意識」），光是唸出文字是**沒有用的**——**除非**你融入情緒或感覺去體會這些字句的意義。「日日夜夜，我的各方面，都正在變得越來越好。」這是法國知名心理學家埃米爾·庫埃的自我暗示名句，但就算你把它唸上一百萬次，如果沒有在文字內融入情緒及**信念**，那麼你所期待的結果永遠都不會降臨。**只有**與情緒或感覺相互融合的意念，才能進到你的潛意識，並啟動潛意識的運作。

這點相當重要，本書每個章節都會一再強調，因為大部分人運用自我暗示的方法卻沒有得到理想的結果，就是沒注意這一點。平淡、沒有情緒的字句是不會影響潛意識的。除非你學會將帶著情緒及信念的意念或言語傳給潛意識，你才有可能得到想要的結果。

如果初次嘗試沒法操控情緒，將情緒融入字句中，請不要氣餒。記住，天下**沒有不勞而獲**的事。想要將你的意念傳到潛意識、影響潛意識，就必須得**付出代價**才行。這件事沒辦法作弊，就算你想作弊也做不到。想要影響你潛意識，代價就是**持續不懈**地應用前述講過的原則。除此之外別無他法。只有**你自己**能衡量獲取你想要的「金錢意識」付出的這個代價是不是值得。

只有在極少數的情況下，僅靠智慧和「聰明」不會吸引金錢、留住財富，而且這也只是平均律的因素。而這裡描述的吸引金錢的方法並不是平均律的結果。此外，吸引金錢的方法一視同仁，對大家都有效。經歷失敗的情況，也是個人的問題所造成，**不是方法的緣故**。如果你嘗試卻失敗了，也請繼續努力，堅持試下去，直到成功為止。

如何提升專注力

你使用自我暗示的能力，很大程度會取決於你是否能**專注**於一個既定的**渴望**，直至這個渴望成為你**熱切的執念**。

當你開始執行在第二章〈渴望〉提及的六個步驟時，你需要有關**專注力**這條法則的幫助。

這裡請讓我給你建議，好讓你能夠有效地運用專注力。當你開始執行那六個步驟的第一步，也就是要求「你心中渴望賺到的**具體**金錢數字」時，請閉上雙眼，好好地運用**專注力**，將注意力集中在這筆錢的數字上，直至你可以**清晰地觀想**出那筆錢的影像。請每天至少做一次。當你做的時候，請遵循在第三章〈信念〉所提過的指引，觀想自己真的**已經擁有這筆財富了**！

而且在這當中最重要的一點是：你的潛意識會接收任何以絕對**信念**所下達的指令，並且照著執行，但是這指令必須一**再反覆地下達**，才能被潛意識解讀。按照前面提過的方法，試著巧妙地「哄勸」潛意識，讓潛意識信以為真，**正因爲你自己相信它**，相信你一定要擁有你觀想的那筆財富，那筆錢正等你來取走，所以潛意識**必須**要想出可行的辦法，讓你得到屬於你的金錢。

將前一段提到的概念交給你的**想像力**，看看它能夠擬定出什麼具體的計畫來幫助你將渴望化為財富的累積。

不要等待具體的計畫出現後，才想依計畫提供服務或商品去換取你觀想的財富，而是一開始就要觀想著自己已經擁有這筆錢了，同時**要求**潛意識擬定你需要的行動計畫，並**期待**潛意識會做到。隨時注意出現的計畫，一旦出現就要**立刻執行**。計畫可能會透過第六感，以「靈感」的形式在心中「靈光乍現」。這個啟示是來自無上智慧直接發出的「電報」或訊息，請你帶著尊敬收下並執行。如果你不這麼做，那麼你將會**錯失**成功。

六個步驟的第四步是要你「擬定一份具體計畫來實現你的渴望，並且即刻就開始採取行動實施計畫，不論你準備好了沒」。你必須按照上述提及的方式來執行這個步驟。將渴望轉化為致富的計畫時，不要相信你的「理智」，因為你的理智有惰性，如果你全然地依靠你的理智判斷，結果可能會讓你失望。

當你閉上雙眼，觀想著那筆你想要累積的財富時，**要看見自己爲了取得這筆財富正在提供服務或商品，這相當重要！**

激發潛意識的三個步驟

你會讀這本書就代表你渴求知識，也代表你對這個主題有興趣。如果你只是當個學生，你會因此獲益良多，學到很多你過去不知道的事情，但這必須得在你帶著虛心受教的情況下。如果你選擇性地遵守本書提及的某些指引，但卻又無視某些指引，**你就必然失敗！**為了得到滿意的結果，你必須**相信**書中的**所有**指引，並且全盤遵循。

將第二章〈渴望〉提及的六個步驟，結合本章所提及的法則，歸納如下：

1. 請找一個安靜的地方（最好是晚上躺在床上時），這樣你才不會被打擾，閉上眼睛，大聲複誦（這樣你也才能聽見自己所說）你寫下的聲明，包括你想要累積的金錢數字、達成的期限，以及你想要透過提供什麼服務或商品來得到這筆錢。當你執行這項步驟時，**觀想自己已經擁有這筆錢了**。

舉例來說，假設你想要在五年後的一月一日累積到五萬美元，你打算用業務員的身分提供個人服務的方式來賺得，那麼你寫下的聲明應該會是類似這樣：

在某某年的一月一日，我將會擁有五萬美元，而這筆錢在未來這段期間會陸續到來。

爲了換得這筆錢，我將會用我個人最擅長的＿＿＿＿＿（進一步敘述你的商品或服務）業務能力來提供重值又重量的服務。

我相信我會得到這筆錢。我的信念是如此堅定，現在就能看見這筆錢出現在我面前了，甚至一伸手就摸得著。這筆錢已經在等我了，會依照我提供的服務轉化爲相應的金錢。我現在正等著幫助我取得這筆錢的計畫，一旦它出現了，我必定會按照計畫立刻採取行動。

2. 每日早晚重複這段話，直至你能看見（在你的想像中）這筆你想累積的金錢。

3. 把寫好的聲明放在一個你早晚都能看見的地方，在睡覺前、起床後都要唸一遍，直至這段話能背得起來。

要記得，你執行這些指引就是運用自我暗示的方法對潛意識下指令。別忘了潛意識**只**接受你帶有「感覺」的指令，而**信念**就是最強烈、最強大的情緒，請遵照第三章〈信念〉所提及的指示。

這些指示剛開始看起來可能很抽象，但不要為此傷神，只要照著做就好了。別管這些指示看起來多抽象或不切實際，只要你**全心全意**按照指示執行，很快地你將迎來一個全新充滿力量的世界。

每晚大聲唸出這一章

對**所有**新觀念抱持懷疑是人類的天性，但只要你遵循上述指示，你心中的疑慮很快就會轉成相信，並且最終很快地昇華成**絕對的信念**。到了這個境界，你可以非常自信地宣布：「我就是我自己命運的主宰、自己靈魂的舵手！」

許多哲學家都說過「一個人是自己**塵世**命運的主宰」，但大部分卻沒辦法說明**爲什麼**。一個人能主宰自己在塵世的地位，尤其是財務狀況，正因為他**有能力影響潛意識**，並且透過這個方式能得到無上智慧的助力。

你現在讀的這個章節，記載著這個原則最重要的關鍵。本章所提及的指示都必須要能夠完全理解，並且**持之以恆地運用**，才能將你的渴望化為財富。

將**渴望**化為金錢的實際方法，就是透過自我暗示為媒介來影響潛意識，其他法則都是運用自我暗示的工具。請記住這一點，這樣你才會時時刻刻記得自我暗示的重要性，使用本書教你的致富方法。

請把自己當成如孩子般地實踐這些指示，也在你的努力中注入如孩子般地**相信**。我已盡可能確保所有指示都是最實用的，因為我是真的想幫助你。

在你讀完整本書後，請記得再回來讀這一章，並且全心全意地執行下方的指示：

每天晚上大聲地唸出這一章，直至你全然地相信自我暗示的方法，相信它將會爲你帶來你想要的一切。朗讀的時候，可以用鉛筆標記讓你印象深刻的句子。

確實按照上述的指示行動，這樣一來，你將能完全瞭解及掌握成功的法則。

第 5 章

專業知識

{成功致富法則之四}

個人經驗或觀察的總和

知識有兩種，一種是一般知識，另一種是專業知識。一般知識不論多淵博，也無助於累積財富。把大學所學的學問全部加起來，應該能涵括人類文明所有的一般知識，但**多數大學教授顯然都不太有錢**。教授擅長把知識**教給**學生，卻不擅長組織或**應用**知識。

光有**知識**無法吸引金錢。知識要經過組織，制定出實際的**行動計畫**，才能達到累積財富的**明確目標**。許多人沒有認知到兩者之間的差別，所以誤解了「知識就是力量」的意思。根本就沒有「知識就是力量」這回事！知識只是有**潛在**的力量，只有當知識為具體行動計畫而組織起來，才能導向明確的目標。

現今的教育體制，在擁有知識與應用知識兩者之間「缺乏連結」，學校沒教學生**如何在習得知識後，將知識加以組織及應用的方法**。

以亨利．福特為例子，他沒有受過多少「學校教育」，所以很多人便誤以為他缺乏「學養」。這樣想的人其實不瞭解福特，也不明白「教育」（學養）一詞的真義。這詞起源於拉丁文educo，意思是取出、引導出來，是**由內而外地開展**。

一個有學養的人不一定擁有很豐富的一般知識或專業知識。有學養的人，指的是心智能力經過充分開展，因此能夠在不侵犯他人權益的前提下，得到他想要的東西。這種對學養的定義，福特正好完全符合。

富有的「無知者」

在世界大戰期間，有間芝加哥報社發表了幾篇社論，裡頭對福特諸多抨擊，批評他是個「無知的反戰者」。這些說法引起福特的反彈，一狀提告報社誹謗。法院審理時，報社的律師要求福特親自上庭作證，設法向陪審團證明他真的是個無知的人。律師團問了福特各種問題，全都是企圖要藉他自己之口，證明儘管他精通製造汽車的專業知識，但本質上仍是個無知的人。

律師用各式各樣的問題轟炸福特，例如「班奈迪克．阿諾德是誰？（譯註：獨立戰爭時期美國軍官）」、「一七七六年獨立革命，英國派多少軍人去美國平叛？」答覆最後一個問題時，福特說：「我不知道英國派了多少軍人，但聽說去的人比後來回來的多得多。」

福特越答越是厭倦，最後在回覆了一個極為無禮的問題之後，他傾身向前，手指著問他問題的律師，說道：「我根本懶得回答這些蠢問題。如果我真的**想要**回答，我告訴你，我桌上有一整排電動按鈕，隨便按一個，我的眾多助手就會立刻出現在我面前，答覆**任何**有關我事業上的問題。那麼請你告訴我，我到底**爲什**

麼要把自己的腦子塞滿那些不重要的一般知識，只為了回答你那些問題？我身邊有一大群人，隨時都準備好要向我報告我需要的知識。」

這個回應極有道理。

律師愣住了，在場的人立刻明白只有**有學養**的人才會這樣回答，福特絕非無知之人。一個有學養的人，知道要去哪裡獲取需要的知識，也知道如何將知識加以組織，制定明確的行動計畫。透過「智囊團」的協助，福特掌握了他需要的一切專業知識，成功地讓自己成為美國首屈一指的富豪。**他本人是否擁有這些知識，一點都不重要**。有意願、有能力閱讀本書的人，一定能明白這個故事的意義。

在你確定有能力將渴望**轉化**成相應的財富前，你會需要服務、商業或某個領域的**專業知識**用來換取報酬。或許你所需的專業知識，會超出你的能力範圍，若是如此，那麼你可以借助「智囊團」的幫助，來補足自身的不足之處。

安德魯．卡內基曾說，他個人對鋼鐵業的技術層面其實一無所知，也不覺得需要去學。鋼鐵的生產與銷售所需具備的專業知識，他都可以借助**智囊團**之力來取得。

想累積大量財富，一定要有**權力**，而權力則來自於對知識高度的組織與管理能力；但累積財富的人，本身不一定需要具備那些專業知識。

前一個段落，或許讓有累積財富的企圖，但本身沒受過相關「教育」，因此不具備必要專業知識的人，感受到無比的希望與鼓舞。人有時候會因為自己沒有受過「教育」而在「自卑情結」裡掙扎。但一個能將有識之士組成「智囊團」的人，並加以指揮，讓他的智囊團發揮知識幫他累積財富，那麼他的智識程度其實無異於任何一位智囊團成員。如果你常為了教育程度不如人而感到自卑，那麼請**牢記這一點**。

湯瑪斯．愛迪生一輩子只受過三個月的「學校教育」，卻絕對不是個沒有學養的人，也沒有貧苦而終。

亨利．福特的「教育程度」連小學六年級都不到，但他白手起家，賺錢的本事卻讓人刮目相看。

專業知識是供給量最大、也最廉價的服務形式！不相信的話，看看大學教授的薪資條就知道了。

懂得如何購買知識

首先，要先決定你需要哪種專業知識，以及這門知識要達成什麼目的。你到底需要什麼知識取決於你人生的重大目標。決定好了之後，下一步就是找到可靠的知識來源。比較重要的知識來源有：

1. 個人的經驗與教育。
2. 與他人合作（智囊團）所獲得的經驗與學習。
3. 大專院校。
4. 公共圖書館（在書本和期刊中可以找到文明智慧與知識的結晶）。
5. 專門訓練課程（尤其是夜校及函授自學）。

知識不是學了就好，學到之後需要加以組織，設定明確的目標，透過可行的計畫去實踐。知識本身沒有價值；知識的價值來自於應用它達成某個有意義的目的。大學學位的價值有限，原因就在這裡。學位不等於能力，充其量只能代表一個人知曉許多知識。

如果你有進修的計畫，那麼首先要確定進修的目的是什麼。接著再找找看，有哪些可靠的學習管道，可以學到達成目的所需的特定知識。

無論從事何種行業，成功的人從不停止學習跟自己的目標、事業或職業相關的專業知識。與成功無緣的人，通常都有一種錯誤的觀念，以為知識的學習僅限於學校教育，因此從踏出校門那一刻起就不再學習。但事實上，知識無窮無盡，學校教育教的不過是學習實用知識的方法。

經濟大蕭條結束後，教育也有了截然不同的新取向。今日的新秩序，最重要的就是**專業化**。哥倫比亞大學就業輔導中心主任羅伯特．摩爾曾經如此描述專業知識的重要性：

最搶手的專業人才

最受企業青睞的員工人選，就是擁有專業能力的人才，例如受過會計與統計訓練的商學院畢業生、各領域的工程師、記者、建築師、化學專家，以及展現領導統御的畢業生。

在學期間表現活躍、能與大家和睦相處，同時維持一定學業水準的人，會比拚命讀書的書呆子更有優勢。他們全方位的表現在求職時是一大利器，畢業後錄取多份工作機會的人所在多有，有些人甚至得到高達六個工作機會。

摩爾指出，大部分企業著眼的不只是求職者的學歷，還有在學期間的活動經歷與人格特質。這一點打破了傳統的想像，認爲學業表現全部拿「高分」的好學生，求職時最有利。

有一家工業製造的龍頭公司經曾寫信給摩爾，談到企業錄取社會新鮮人的原則，是這樣說的：

「我們喜歡能提升管理工作的員工。因此，我們重視求職者的品行、智力與個性，遠勝於他們的特定學歷背景。」

建立實習制度

摩爾建議應該建立暑期實習制度，讓學生在暑期前往企業、店家或製造業「實習」。他認爲每位學生在就讀大學兩到三年後，都應該要求他們爲未來「擇定一條具體路線，不能繼續在缺乏專業性的課程中漫無目的地虛擲光陰」。

「大專院校應該正視一個實際的問題，便是各行各業如今需要的是專門人才。」摩爾呼籲，教育機構應該肩負起更多責任，提供學生就職方面的引導。

不停止學習

對需要學習專業知識的人來說，夜間部就是個可靠又有實效的進修管道，而且在多數大城市都找得到。函授學校也能提供專門訓練，只要住在郵政所及之處，就能參與各種科目的函授課程。在家自學則有彈性高的好處，可以利用空閒時間來學習。在家學習還有另一個優點，就是大部分課程都附帶諮詢輔導服務（前提是慎選函授學校），這對學習專業知識的學員來說極為有用。無論人住在哪裡，都能享有這些服務。

不費力氣、也不須花錢就能得到的東西，人們通常都不會珍惜、也不覺得感謝；或許這就是為什麼公立學校教育提供了那麼多珍貴的機會，而我們從中學到的收穫卻是那麼少。相對的，在學習特定專業知識的時候，人比較容易培養出**自律**，多少彌補了一些知識無償時輕忽浪費的機會。函授學校是有嚴密組織的商業機構，學費非常低廉，因此他們都會要求學員一定要即期付費，不能延遲。無論學得好或壞都得繳交學費，這對學生來說倒是件好事，可以督促他們貫徹始終，無論如何都要將課上完。函授學校應該要加強宣傳這個特點，因為他們收款部門的員工都是訓練有素的人才，講究**決心**、**迅速**、**行動力**，具備**有始有終的精神**。

這可是經驗之談，二十多年前我就親自見識過函授學校的特別之處，當時我報名參加了一門廣告課程。只完成了大約十小時的課堂，我就沒再繼續上課，但函授學校還是持續寄帳單過來，而且要求不管我想不想繼續上課，都一定得付款。於是我就決定，既然無論如何都得付錢（已經簽約了，所以有法律責任），那麼就要把課上完，讓我付的錢值回票價。當時我覺得，函授學校的收款部門未免嚴謹過頭了，但日後回想起來，這反而是一項寶貴的訓練過程，而且完全免費。因為不得不付錢，促使我努力下去，完成了那門課。後來我才明白，函授學校的收款部門效率奇高，他們的薪水真是領得天公地道、問心無愧，因為我雖然課上得心不甘情不願，但廣告課程所受到的訓練，讓我在日後受用無窮。

美國的公立學校體制，據說是世界上最好的。我們投入了大量經費，興建設備完善的大樓；提供便利的交通方式，讓住在郊區的孩子也能上最好的學校。但這個體制卻有一個重大的缺陷：那就是**它是免費的**！人的心態很奇怪，付出代價得到的東西才會珍惜。在美國上學免費、公立圖書館也免費，卻引不起大家的興趣，**因爲這些服務都是免費的**。這就是為什麼有這麼多人在離開學校、進入職場後，反而需要再參加額外的訓練課程；這也是為什麼**會在家自主上課學習的人**，

通常較受企業主青睞。經驗讓老闆們知道，一個願意主動放棄部分閒暇時間，自行在家上課學習的員工，通常擁有領導團隊的潛力與特質。這並不是老闆善心忽起、大發慈悲，而是從雇主的角度做出的明智的商業判斷。

人性中還有另一個無可救藥的弱點，那就是普遍**缺乏企圖心**！會主動撥出空閒時間，自行在家進修上課的人，很少會長久停留在基層。他們的行動力會為他們開闢出升遷之路，移除途中遭遇的障礙，也會吸引到掌權者的注意力，願意給予他們施展的**機會**。

已經進入職場、深感需要進修專業知識，但沒有時間重返校園的社會人士，特別適合用在家上課的方式學習。

經濟大蕭條以來，社會的經濟情況已經改變，許多人被迫開始尋找額外或全新的收入來源。對這些人來說，學習專業知識也許是唯一的解方。有很多人不得不更換跑道，轉職到完全不同的領域。商人發現某一類的商品滯銷的時候，都會換另一種有市場需求的產品來賣。以提供個人服務為生的工作者，也應該像商人一樣，銷售有市場需求的服務。倘若服務換不來足夠的報酬，那就應該改行從事另一種服務，尋求更多的機會。

史都華・奧斯丁・威爾起初打算當建築工程師，也一路從事這一行，直到經濟大蕭條發生，讓他的收入大不如前。他自我審視了一番之後，決定改行投身法律，重返校園修讀專業課程，希望成為企業律師。他在大蕭條結束前，就完成了律師訓練，接著便開始執業生涯，很快就在德州的達拉斯打造出一番事業，獲利頗豐。事實上，他的律師生意好到得不時推掉一些客戶。

也許有人會說「我沒法回學校讀書，因為我有一家子要養」，或說「我年紀太大了」。為了避免有人找這種藉口，同時也讓大家確實瞭解威爾的經歷，我要告訴各位，他重返校園時已經年過四十，已結婚有了家庭。除此之外，他還去了教學品質最好的系所，刻意選讀高度專業的課程，並且在兩年內就完成了多數法律系學生得花上四年的課程。**知道如何購買知識，確實划算！**

學校畢業後就停止學習的人，無論從事什麼行業，注定要平庸一生。成功之道，在於持續追求知識。

簡單的想法就能賺大錢

我們再看看另一個案例。

經濟大蕭條期間，有一名賣場的售貨員失業了。因為他曾做過記帳，所以便去找了一門會計的專業課程來上，熟悉最新的記帳與辦公室設備，以便接下來自己開業。他從為前東家服務做起，逐漸爭取到一百多間小商家與他簽約，為他們提供記帳服務，每個月只收取微薄的費用。他的點子十分管用，不多久生意便迅速發展起來，他開始在小貨車上設置行動辦公室，上面裝了現代記帳設備，才足以應付客戶的需求。行動辦公室如今已成長為一整個「用輪子跑」的記帳車隊，雇用了大批助手，以非常低廉的價格為小型商家提供最佳的會計服務。

這起獨特的案例，成功的關鍵在於結合了專業知識與想像力。去年這家會計公司老闆繳的所得稅，是他在前東家做售貨員薪水的十倍；他在前一份工作期間遭遇了大蕭條，陷入困境，但事後證明是因禍得福。

他的生意之所以能成功，都源自於一個**想法**！

我有幸能為這名失業售貨員提供一個想法，要他嘗試去做記帳服務。我現在還提供了另一個想法，希望不但能幫他賺進更多錢，同時也為需要的人提供實用的服務。

這個構想來自於這名售貨員，他放棄銷售，用零售的概念改行從事記帳的工作。當我向他提出上述想法解決失業問題時，他大喊：「我喜歡這個想法！但要怎麼把這個想法轉化成現金呢？」換句話說，他抱怨雖然**已經學會了**記帳的知識，卻不知道該怎麼推銷自己的服務。

眼前出現了另一個問題需要解決。我們找到一位嫻熟打字、手寫字也很漂亮的年輕小姐幫忙，請她把那位前售貨員的故事寫出來，做了一本引人入勝的小冊子，裡頭描述了現代記帳系統的各種優點。每頁的字都打得整整齊齊，再一張張貼在一本普通的剪貼簿上，彷彿一位無聲的售貨員賣力地推銷著這門新生意。這個作法十分有效，生意很快就一飛沖天，興隆到老闆根本忙不過來。

全國有幾千個商家，都需要這種推銷專家幫他們製作業務簡介，以便向客戶行銷自己的服務。這種製作簡介的服務，每年創造的總收益很可能超過規模最大的職業介紹所；而購買簡介製作服務的商家，生意上的利潤也很可能超過透過職業介紹所。

這個**想法**的誕生，是為了克服大蕭條帶來的職涯衝擊，本是出於無奈；但在成功幫助一個人度過危機之後，這個想法並沒有就此止步。協助製作簡介的女士有著豐富的**想像力**。她從自己新出爐的心血結晶中，看見了發展新行業的契機，可為亟需行銷個人服務的商家提供服務，指引他們如何拓展客戶。

她的第一份作品**「個人服務的精製行銷企劃書」**，大獲好評。腦筋靈活的她，由此激發出靈感，聯想到可以用相同的方式，幫她遇到類似困境的兒子一把；當時他剛從大學畢業沒多久，找不到可以提供服務的客源。她協助兒子規劃了一份提案，是我所見過的個人服務行銷案中，最出色的範例。

企劃書終於完成了，總共將近五十頁篇幅，版面精美，條理分明地描述她兒子的天分、學歷、個人經歷與其他各種資訊。這份企劃書也完整敘述了他希望獲得的職位，並提出一份詳細的計畫，說明自己對職務的想法，預備如何進行這份工作。

製作這份企劃書花了好幾個禮拜。

為了準備這份企劃書，這段期間，她要求兒子每天都去公立圖書館蒐集資料，努力凸顯他提供的服務有何特殊之處。另外，她也要兒子前往心儀公司的競爭對手那裡蒐集資訊，研究對方的商業模式，大大幫助了對職務計畫的構思。最後，企劃書總共提出了六個以上的絕佳方案，來幫未來的公司獲益（公司後來也真的採行了這些方案）。

不一定要從基層做起

或許有人會問：「只是找一份工作罷了，何必要如此大費周章？」這個問題的答案非常簡單，聽起來或許還有點灑狗血，因為對千百萬以個人服務為唯一收入來源的人來說，這個議題可是攸關生計，若不成功便無力回天的大事。

這個問題的答案是：**把事情做好，從來不是一件麻煩！這位女士為兒子準備的企劃書，幫助他得到了心儀的工作，不但面試一次就成功錄取了，公司還答應了他提出的薪水**。

另外還有一點也很重要：**這份職務讓這名年輕人不需要從最基層開始做起。他一開始就是初階主管，領的是主管級的薪水**。

你或許會問：「何必要如此大費周章？」

當然值得。首先，這位年輕人**精心規劃**的求職企劃書為他省下了大量時間，否則他至少得花上十年的光陰，才能「從最基層爬到初階主管的位置」。

從基層做起，再慢慢地往上爬，乍聽之下好像沒什麼問題。但事實上，有太多從基層做起的人，終究都沒能爬到夠高的位置，沒有**機會**受到賞識，只是一直停留在基層。同時記住，基層的環境辛苦、前景黯淡，很容易讓人就此喪失抱負。我們稱之為「陷入困境」，意味著開始認命了，因為日復一日的**習慣**已經養成，逐漸牢不可破，以至於連掙扎都放棄了。這就是為什麼我們要盡量努力，從略高於基層的位置開始起步。這麼做才能培養出一種**習慣**，隨時環視當下處境，觀察別人如何向前邁進，同時尋找**機會**，一有發現便毫不猶豫地緊緊把握。

丹．賀賓就是個絕佳的例子，最能用來解釋我的意思。賀賓是聖母大學的校友，大學期間是橄欖球校隊的經理。聖母大學在一九三〇年贏得了大學橄欖球賽全國冠軍，一時間威名遠播；當時他們的教練就是已故的傳奇教練克努特．羅克尼。

羅克尼教練胸懷大志，**從不把一時的受挫當成失敗**。除了教練的潛移默化，賀賓也深受工業巨擘安德魯．卡內基的影響。卡內基總是鼓勵年輕員工要為自己設定遠大的目標，不要甘於平凡。賀賓大學畢業時，恰逢景氣極度低迷，經濟大蕭條大幅削減了工作機會。他短暫嘗試了投資銀行與電影業，之後轉往助聽器公司，以抽取佣金的方式銷售電子助聽器，期盼未來能在這一行有所發展。**他在公司的第一份職務人人都做得來，賀賓自己也心知肚明**。但這樣已經足夠，機會的大門已經為他打開。

進公司後將近兩年，他都只能做沒興趣的工作。但他沒有漠視對現狀的不滿足，採取行動嘗試改變。一開始，賀賓把目標設定在業務協理的位置，結果達成了。往上爬的這一小步，讓他得以從更高的位置尋找更好的機會，同時也**讓機會可以看見他**。

他銷售助聽器的成績非常耀眼，連A. M.安德魯斯都注意到他了。安德魯斯是狄克多助聽器公司的董事長，與賀賓任職的公司是競爭對手。一個年輕人有辦法從歷史悠久的狄克多公司手中搶走不少生意，安德魯斯想認識一下這號人物。他派人去把賀賓請來，與他相談。會面結束之後，賀賓成了狄克多公司的業務經理，負責掌管助聽器部門。接著安德魯斯想測試一下賀賓的能耐，於是便自己去佛羅里達待了三個月，留下賀賓獨自面對新工作。賀賓通過了挑戰！他繼承了羅克尼教練「世人皆愛贏家，無暇理會輸家」的精神，把這份精神發揮得淋漓盡致，全力投入工作，成果輝煌，後來被指派擔任公司的副總裁，還兼任助聽器及靜音收音機部門的總經理。如此成果，一般人花十年做到便已非常了不起，而賀賓在短短六個月就完成了。

安德魯斯和賀賓到底誰比較值得讚賞，很難定論，因為兩個人都充分展現出**想像力**這種難得的特質。安德魯斯慧眼識英雄，在年輕的賀賓身上看到了「勇往直前」、衝勁十足的特質。賀賓則**暫且先接受自己沒有興趣的工作，慢慢徐圖後進，這是他拒絕向人生妥協的方式**。他的處世哲學，正是我想向各位凸顯的重點：要攀登高位、還是留在底層，都取決於自己的決定，**因爲只要願意，我們其實可以控制所處環境，讓條件爲我們所用**。

我也想要指出，無論成功或失敗，其實都是**習慣**所帶來的結果！我深信，賀賓長期受到美國史上最偉大教練的薰陶，一定在他的心中種下**渴望**的同品種種子，無論是在橄欖球賽中求勝、或是在求職的賽場上競爭，都深受著這份渴望的驅策。當然，如果找得到一位讓人心生崇拜的**贏家**，那麼英雄崇拜也會是成功的一大驅動力。賀賓就是如此，他告訴我，羅克尼在他心中是史上數一數二的偉大領導者。

我相信，在生意上結交的對象也是影響成敗的重要因素。我兒子布萊爾近來前往賀賓的公司求職，我也是如此教導他。賀賓開給他的起薪，大約只有另一間同業的一半。但我發揮身為父親的影響力，成功勸說布萊爾接受了這個職務，因為**我相信和一個不向處境低頭妥協的人共事、密切往來，從中獲得的啓發不是金錢所能衡量**。

對任何人來說，基層都是單調枯燥、毫無益處的環境。這就是何以我要特別提醒大家，用事前妥善的計畫來避免從最基層做起；這也是為什麼要花費篇幅，描述那位善於做**企劃**、還以此開發了新事業的女性，她之所以如此賣力，正是為了要替她兒子爭取一個有利的「開始」。

經濟崩潰改變了環境條件，我們也需要更新、更好的方式來推銷**個人服務**。個人服務這一行利潤豐厚，報酬遠超過其他工作，之前為何都沒有人發現這個商機並不得而知。這一行每個月的總收益，金額可達到數億美元，一年下來高達幾十億美元。

也許，有些人能從剛才談論的**想法**中，找到他們**渴望**的財富起點！就算再簡單的想法，也曾有前人努力地把想法的種子成功栽培成巨大的財富。例如，伍爾沃斯集團旗下的五分錢商店，想法非常簡單，卻為母公司賺進了龐大的利潤。

在這些建議下看見潛藏**機會**的人，會在第七章〈有組織的計畫〉中找到有用的建議。能協助客戶行銷個人服務的人，也一定能在尋找市場的職人中發現用武之地。善用「智囊團」原則，那麼只需幾個人就能組成戰鬥團隊，打造出利潤豐厚的生意。成員中有人善於寫文案、懂得廣告與行銷的技巧，有人擅長打字、手寫字又好看，有人則負責拉生意、將服務廣為宣傳。如果一個人同時身兼這些專長，也可以是一人公司，只是這樣通常難免負擔過重。

為兒子構思了「個人服務企劃案」的女士，如今接案源源不絕，全國各地都有人想請她幫忙撰寫類似企劃案，好讓自己的服務進帳更多。她旗下招募了一群專業團隊，成員包含了專業打字員、藝術家、寫手，共同製作作品，凸顯客戶的個人服務與專業經歷，成功地讓客戶的收入三級跳。她對自己貢獻的價值極有信心，甚至與客戶談妥，從他們**增加**的收入中抽成一部分，作為製作企劃案的主要酬勞。

她的推銷計畫並不是新瓶裝舊酒，把客戶原本的服務重新包裝一番就加價賣而已。她會仔細找出客戶提供的個人服務賣點與市場的需求，然後才著手撰寫製作企劃案，讓客戶付給她的酬勞值回票價。過程中運用了什麼方法屬於商業機密，除了當事客戶以外，她不向任何人透露。

如果你有**想像力**，也希望能為自己的個人服務尋找更賺錢的出路，那麼上述建議或許能為你提供一點靈感。一個**想法**所能帶來的豐厚收入，甚至比受過好幾年大學教育的「一般」醫師、律師或工程師來得高。這個想法適用於所有正在尋找新職的人，無論所謀求的職務是管理還是行政性質，也適用於希望在現有工作的基礎上收入能更上層樓的人。

一個好的**想法**，是沒有固定價格的。

一切**想法**都需要專業知識來支撐。可惜的是，許多人無法致富，原因是比起學習專業知識，擁有**想法**更為難得。這也是為什麼有能力協助推銷個人服務的人才，在市場上的需求越來越高。能力代表**想像力**；擁有想像力，就能把專業知識與**想法**結合在一起，透過**有組織的計畫**來賺取財富。

如果你擁有**想像力**，那麼這一章或許提供一個想法，足以讓你站上財富的起點。記住，關鍵是**想法**。專業知識只要你願意學習，處處都是管道！

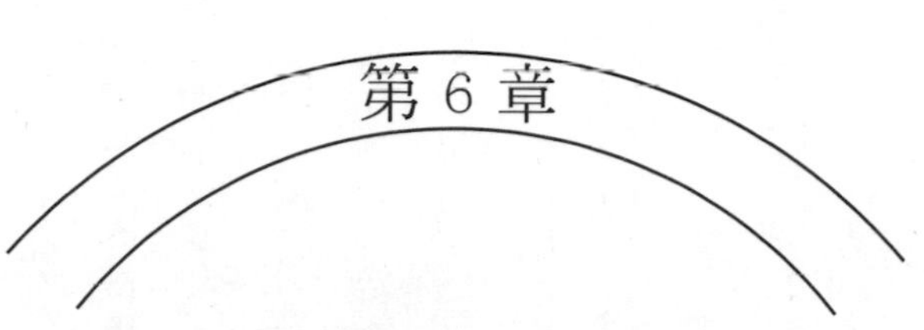

第 6 章

想像力

{成功致富法則之五}

心靈夢工廠

從字面上解釋，想像力就是由一個人所有計畫創造的工作坊。藉助心智的想像力讓衝動和**渴望**得以孕育、成形，並化為**行動**。

有句話說，一個人有多大的想像力，那他就有多大的創造力。

在文明的所有時代，現在是最適合發展想像力的時刻，因為這是一個快速變動的年代。一個人可以接觸來自四面八方，能夠幫助培養想像力的各種刺激。

過去五十年來，藉由**想像力**的幫助，人類發現及運用的自然力量已超過整個人類的歷史。人類征服了天空，飛得比鳥更快、更高，並利用以太作為即時通訊的媒介，讓全世界任何角落都能彼此進行交流。藉由想像力的幫助，人類已經對距離地球數百萬英里遠的太陽進行分析及衡量，確認組成元素。人類已經發現自己的大腦同時是一個意念振動的發送站和接收站，如今更進一步地開始學習如何實際運用這個發現。人類已經提高了移動的速度，直到如今能夠以時速三百英里的速度旅行。很快地，人們就可以在紐約吃早餐，接著去舊金山享用午飯。

在理智範圍內，**人類唯一的限制，就在於發展及運用想像力**。人類對想像力的發展和運用尚未達到頂點。人類只是發現了自己擁有想像力，且僅以非常基本的方式運用而已。

想像力的兩種形式

想像力機能會以兩種形式運作：一種是「整合性想像力」，另一種則是「創造性想像力」。

整合性想像力

一個人可以將舊有的概念、想法或計畫進行整理，產生新的組合。但這項能力無法**創造**，它只是將經驗、教育及觀察的材料加以吸收。它是發明家最常運用的能力，除了那些發現整合性想像力沒辦法解決自己碰到的問題，能夠轉而利用創造性想像力的「天才」之外。

創造性想像力

一個只具備有限心智的人類，透過創造性想像力就能開啟和無上智慧直接溝通的管道。它是接收「直覺」和「靈感」的能力。透過這個能力，所有基本或嶄新的想法都可以傳至人類。藉由這個能力，一個人能夠接收來自其他心智的意念振動。透過這個能力，一個人可以「聽到」其他人的潛意識，或是和其他人的潛意識進行溝通。

創造性想像力會自動運作，它的運作方式會在後面幾頁說明。這個機能**只會**在意識以極快速的振動時發生作用，例如，當意識受到**熱切渴望**的情緒刺激時。

愈常使用創造性想像力，就會對其他來源的振動意念變得更為靈敏，接收性也會變得更高。這點非常重要，在繼續之前請先好好琢磨一番。

當你遵循這些原則時，請牢記於心：一個人將**渴望**轉化為財富，完整的故事無法三言兩語就道盡一切。唯有在一個人能夠完全**通曉**、**吸收**並**開始運用**所有這些法則時，思考致富的故事才會完整。

工商企業和金融的領導者，還有偉大的藝術家、音樂家、詩人及作家，他們之所以傑出，就是因為他們發展了創造性想像力。

整合性想像力和創造性想像力，兩者都可以透過多加使用而變得更為靈敏，就好比身體上的任何肌肉或器官，經常鍛鍊就會變得更加發達。

渴望只是一個意念、一股衝動，它朦朧而短暫，抽象且毫無價值，直到渴望被轉化為相應的物質實相為止。整合性想像力是一個人最常使用的能力，在將**渴望**的衝動轉化為財富之前，你必須謹記一個事實：你將會遇到也需要運用創造性想像力的狀況和情境。

鍛鍊想像力

你的想像力可能因不用而變得貧弱，但只要**使用**就會復甦。它不會消失，只是如果太少使用，就會變得不活躍，甚至沉寂。

現在，先暫時集中你的注意力放在發展整合性想像力上，因為這是在將渴望轉化為財富的過程中，你較常需要用到的能力。

要把無形的**渴望**衝動轉化為有形的**金錢**實相，你需要運用一個或多個計畫。這些計畫必須透過想像力的幫助來成形，而且多半是透過整合性想像力。

在你讀完這整本書後，請回到這一章，然後立刻開始運用想像力打造你的計畫，也就是將你的**渴望**轉化為財富。而如何建立計畫，幾乎在每一章都已有詳細說明，請遵照最符合你需求的指示貫徹執行，如果你還沒如此做的話，請將你的計畫寫下來。一旦完成這點，你就能夠明確地將無形的**渴望**賦予**具體**的樣貌。再讀一次上述句子，並大聲且非常緩慢地唸出來。如此做的同時，請記住當你將自己的渴望聲明以及計畫實行寫成文字並大聲唸出，你實際上已在**執行**一系列步驟的**第一步**了，而這能將你的意念轉化為相應的實相。

我們居住的這個地球，包括你自己和所有其他物質，都是經由微小片段的材料以井然有序的方式加以組織與安排的演化結果。

再者，讓人驚嘆又極為重要的是，地球上數十億的人類、你身體裡的每一個細胞，以及組成物質的每一粒原子，都是始於一種**沒有實體的能量形式**。

渴望是一種意念的衝動！而意念衝動就是一種能量形式。當你開始有所**渴望**，產生累積財富的意念衝動時，你就是在召喚大自然創造地球及宇宙萬物所使用的相同「材料」，包括身體及讓意念衝動運作的大腦，都來為你所用。

至今為止，科學已經確認整個宇宙就只是由兩個要素所構成：物質與能量。藉由能量與物質的結合，產生了人類所能感知的一切事物，從漂浮在太空中的最大星星到人類自己都是如此。

你現在就將嘗試以大自然的方式來進行你的任務。你是真誠而熱切地（希望是如此）想要讓自己服膺自然法則，要將**渴望**轉化為相應的物質或財富實相。**你的確可以做得到！因爲以前就有人成功了！**

你可以藉由這永恆不變的法則來幫助自己建立財富。但首先，你必須要熟悉這些法則，然後學習**運用**它們。我經由各種角度不斷闡述這些法則，希望藉由反覆的說明，向你揭示各種創造鉅額財富的祕密。它看來或許不可思議，還有些自相矛盾，因為這個「祕密」其實**並不是祕密**。大自然本身就在彰顯這個祕密，從我們所居住的地球、我們視野所及的日月星辰、在我們四面八方的自然力量、每一片葉子、我們所見的每種生命型態，都看得到這個祕密的存在。

大自然以生物的樣貌展現這個「祕密」，從一個比針尖還小的微小細胞，一直到現在正在閱讀這段文字的**人類**。所以，你當然可以將渴望轉化為相應的物質實相，這其實並不是什麼奇蹟！

如果你還沒有辦法完全理解以上所述，請別氣餒。除非你本來就長期研究心智，否則別期望第一次讀這章的內容就能夠完全吸收。

但隨著時間，你一定會有不斷的進步。

只要遵循內文所提的法則，就可以開啟並步上瞭解想像力的道路。第一次閱讀這個原理時，能夠瞭解多少就吸收多少。當你重複地閱讀、鑽研，將會得到豁然開朗的領悟，一切就會變得清晰，讓你得到更深刻透徹的理解。最重要的是，在研讀這些法則時，請**不要停下**或是質疑，直到至少讀過本書**三次**，而到那時你也欲罷不能了。

被施以魔法的茶壺

想法是所有財富的起點，而想法是想像力的產物。我們就拿一些已賺進龐大財富的想法為例來進行驗證。希望這些範例能夠傳達給你，想像力的確可以用來累積財富的明確訊息。

五十年前，一位鄉下的老醫師駕著馬車進城，他靜悄悄地從後門進入一間藥房，開始和一個年輕藥劑師「講價」。

老醫師被賦予的職責，注定會將龐大的財富帶給許多人。這筆美國南方人民注定會獲得的龐大財富，是自南北戰爭以來流傳最廣的巨大利益。

老醫師和年輕藥劑師兩個人，在配藥櫃檯後方低聲交談超過一小時。隨後老醫師就離開了，回到馬車，帶來一個老式大茶壺，以及一根木製大杓（用來攪拌茶壺裡的東西），並把它們放在藥房後方。

藥劑師檢查了一下茶壺後，把手伸進口袋，拿出一疊鈔票交給老醫師。那疊鈔票剛好五百美元，是藥劑師畢生積蓄！

接著老醫師交出一張上面寫著祕密配方的小紙條。這張小紙條上寫的東西可是價值連城！**但對醫師卻不值錢！**紙條上那些神奇的文字是讓茶壺開始沸騰烹煮的方法，但不論是老醫師或是年輕藥劑師，他們都不曉得這個茶壺將會滿溢出巨大驚人的財富。

老醫師很高興他的茶壺和木杓可以換得五百美元，這筆錢可以還清他的債務，也還給他心靈上的自由。而年輕藥劑師則承擔了一個巨大的風險，將他畢生積蓄都投擲在一張小紙條和一個舊茶壺上！他萬萬也沒想到自己的孤注一擲，會讓一個茶壺開始不斷地湧出財富，勝過阿拉丁神燈所展現的奇蹟。

這個年輕藥劑師花五百美元**買到的其實是一個想法！**

那個舊茶壺、大木杓以及紙條上的祕密訊息都只是附屬品。當新主人將老醫師並不知道的一個成分和紙條上的祕方混合後，那個茶壺開始發生神奇的現象。

讀到這裡先暫停一下，給你的想像力來個測試！你發現那個年輕藥劑師加了什麼東西和紙條上的祕方混合，而讓茶壺開始湧出黃金嗎？請注意，這個故事並非出自《一千零一夜》。這是個比小說還要神奇的真實故事，一個始於**想法**的真實故事。

就讓我們來看看這個想法已經產生了多麼龐大的財富。全世界對「將茶壺中的東西提供給數百萬民眾」有所貢獻的人，已經從中得到鉅額的財富，而且仍然持續中。

這個老茶壺現在是全世界糖的最大消費者，長期為種植甘蔗、糖業產銷的數千人提供職務。

這個老茶壺每年要用掉數百萬個玻璃瓶，為大量的玻璃瓶工人提供工作。

這個老茶壺雇用了龐大的銷售員、速記員、文案寫手及廣告專家，也讓那些幫忙創造動人廣告的許多藝術工作者名利雙收。

這個老茶壺將一個南方小鎮搖身一變為商業重鎮。其所帶來的利益，如今直接或間接地讓這座城市的各行各業及每位居民都雨露均霑。

這個想法如今為全世界所有文明國家都帶來利益，為各國販賣這種商品的人帶來源源不絕的財富。

從這個茶壺流出的財富，在南方設立了一所最著名的大學，數以千計的年輕學子得以接受邁向成功不可或缺的訓練。

這個老茶壺還有其他非凡而令人驚嘆的事蹟。

正當全世界都在經歷大蕭條，工廠、銀行及商店紛紛關門大吉之際，這個魔法茶壺的主人卻依然持續向前邁進，不斷地**提供全世界大量的工作機會**，並且付給那些在很久之前就**對這個想法懷抱信念**的人額外的財富報酬。

如果這個黃銅製的老茶壺能夠說話，它將會用每一種語言訴說這個令人激動興奮的傳奇故事，包括愛情傳奇、企業傳奇，還有各行各業專業人士受它激勵的奮鬥事蹟。

我知道一則關於它的愛情故事，因為我就是有幸參與的人。就在離那位藥劑師買下那個老茶壺不太遠的地方，我遇到了我的妻子，而且從她口中第一次聽到這個魔法茶壺的故事。當我向她求婚，懇求她做我「同甘共苦」的伴侶時，喝的就是這個老茶壺的產品。

現在，你知道這個被施了魔法的茶壺裡裝的是世界聞名的飲料。它賜給我一位妻子，而且**激發了我的意念，還不會醉**，提供一位作家要創作出最好作品所需要的提神劑。

不論你是誰、住在什麼地方、從事什麼職業，以後每一次你看到「可口可樂」這幾個字，都要記住它所創造的龐大財富及影響力是從一個**想法**產生的，還有那位藥劑師阿薩・坎德勒加入祕方的神奇成分就是：**想像力**！

到這裡先停下來思考一下。

記住，本書說明的十三個成功致富法則就是媒介，可口可樂就是透過它將影響力遍及全世界的每個城市、鄉鎮、村落以及每個十字路口。**任何**你可以創造的**想法**和可口可樂一樣**完備且有價值**，都有可能再創造出和席捲世界的「乾渴殺手」同樣驚人的紀錄。

毫無疑問地，意念可以轉化為實相，而其運作的範圍就是世界本身。

如果我有一百萬

下面這個故事證明了「有志者，事竟成」這句古老諺語。這是我敬愛的教育家和牧師，已故的弗蘭克·岡薩魯斯告訴我的。他是在芝加哥南區的畜牧地帶展開他的傳道生涯。

岡薩魯斯博士就讀大學時，就觀察到我們的教育體系有許多不足之處。他相信只要他能夠成為一所大學的校長，就可以改正這些不足之處。他**最深的渴望**是成為一所以教導年輕男女「從做中學」為宗旨的教育機構領導者。

他下定決心要成立一所能實現這個想法的新大學，不被傳統教育方法限制。

然而，他需要一百萬美元來實現他的計畫！他要去哪裡籌到這麼大筆錢？這個問題幾乎要吞沒了這位年輕牧師的雄心壯志。

但他似乎一籌莫展。

他每天晚上入睡時想著它，早上醒來時也想著它，不論去到哪裡都想著它。這個想法在他心中不斷地翻來覆去，直到其成為一股強烈的**執念**。他清楚地瞭解一百萬美元可不是一筆小數目。但同時他也相信，**只有自己心裡設下的障礙才能限制自己**。

身為一名思想家和牧師，岡薩魯斯博士和所有掌握成功人生都瞭解，**明確目標**是一個人想展開一切必備的起始點。岡薩魯斯博士也瞭解，明確目標有**熱切渴望**的支持，就能夠獲得活力、生命力和力量，並化為相應的物質實相。

他瞭解所有這些偉大的真理，雖然他還不知道要去哪裡或是怎麼樣才能取得那一百萬美元。一般人遇到這種情況，通常就會放棄和停止了，對自己說：「算了！我的想法雖然很棒，但卻沒辦法實現，因為我根本沒辦法生出一百萬美元。」這的確是大多數人會有的反應，但岡薩魯斯博士並不會這樣說。我之所以介紹他，就是因為他的言行如此重要，以下就是他自己的現身說法：

一個星期六下午，我在我的房間裡坐著，思考實現計畫的籌資方法。將近兩年，**我除了思考還是思考，其他什麼都沒做！**

就在某個瞬間，告訴自己是時候**行動**了！

我立刻下定決心，要在一個星期內取得我需要的一百萬美元。那要怎麼辦到？我並不擔心。最重要的是，在指定期限內拿到一百萬的**決心**，而我想告訴你的是，就在做出明確決心，要在一個星期內拿到一百萬美元的那刻，一股充滿信心的奇妙感覺降臨在我身上，那是我從未體驗過的感覺。似乎有個聲音從我的身體裡跟我說：「你爲什麼不早點下定決心呢？那筆錢一直都在等著你！」

事情迅速有了進展。我打了電話給各報社，說我隔天早上要布道，講題是「如果我有一百萬，我會做什麼」。

我立刻展開布道的準備工作，而且我必須老實告訴你，這一點也不難，因爲我已經準備了將近兩年的時間。我已經是這股執著精神的一部分了！

在離午夜來臨還相當早之前，我就已經寫好了布道的講稿了。我帶著自信上床就寢，因爲**我可以看見自己已取得所需的一百萬美元了**。

隔天早上我很早就起床，梳洗完畢，朗讀了布道的講稿，然後跪下來祈禱，請神讓我的布道吸引到某個能夠提供這筆資金的人。

當我如此祈禱時，那一百萬美元即將交到我手上的自信感又充滿全身。讓我覺得興奮又緊張的場景是，直到走到講壇準備開始布道時，我才發現自己忘了帶講稿。

這時再回去拿講稿已經太遲了，還好我不能回去，何其幸運！取而代之的，我的潛意識湧現了布道所需的素材。我閉上眼睛，全心全意地以我的夢想精神發言。我不只是對著我的聽眾說話，我想像自己也在對上帝說話。我訴說著，如果自己手中有一百萬美元將會用來做什麼。我說明了自己心中的計畫，我將會成立一所優秀的教育機構，讓年輕人可以學習身體力行，同時發展他們的心智。

當我說完回到座位坐下時，一個男人慢慢從座位起身，大概是後面數來第三排，然後朝講壇走去。我不知道他想要做什麼。他到了講壇伸出手，說道：「敬愛的牧師，我喜歡你的布道。我相信如果你有一百萬美元，你會竭盡所能地去完成你想做的事情。爲了證明我相信你，如果你願意明天早上到我的辦公室一趟，我就會給你所需要的一百萬美元。我的名字是菲力普．丹福斯．阿爾穆。」

於是，年輕的岡薩魯斯隔天早上就去了阿爾穆的辦公室，而他所需要的一百萬美元就放在他眼前。憑藉這一百萬美元，岡薩魯斯成立了阿爾穆科技學院，也就是如今的伊利諾理工學院。

這筆鉅款比大多數牧師一輩子所能看到的錢還要多，更別說它是來自一位年輕牧師心中的意念衝動所產生的感召。因為一個想法換得了岡薩魯斯所需要的一百萬美元。而這個想法的背後，是年輕的岡薩魯斯在心裡醞釀了將近兩年的**渴望**。

請注意這個重要的事實：**當岡薩魯斯在心裡下了明確的決定以及一個實現目標的明確計畫後，不到三十六個小時，就得到了他所需要的這一大筆錢！**

岡薩魯斯起初對一百萬美元覺得遙不可及，同時對要如何取得感到茫然，這樣的反應對一個年輕人來說並不稀奇。古往今來，許多人也都擁有類似的想法。然而獨特之處是岡薩魯斯在那個值得紀念的星期六做出決定，他將所有的遲疑不決拋開，然後堅定地說出：「我**將會**在一個星期之內拿到所需要的那筆錢！」

對一個**確切**知道自己想要什麼的人，上天似乎就會跟他站在同一邊，**只要這個人下定決心非達成目標不可**。

除此之外，讓岡薩魯斯博士得到那一百萬美元的原則現在依然管用！而且對每個正在閱讀這本書的人都適用！這個當年讓年輕岡薩魯斯成功募到錢的通用法則，到今天所具有的成效依然絲毫不減。這本書會循序漸進地說明這個偉大法則的十三個要素，並建議運用的方法。

如何將想法轉化為現金

觀察阿薩．坎德勒和弗蘭克．岡薩魯斯，可以發現兩人具有一個共同的特質，也就是他們都瞭解這一個令人驚奇的事實：**藉由明確目標加上明確計畫的力量，想法就可以被轉化爲金錢**。

如果你相信只要努力工作、誠實正直就能夠帶來財富，請拋棄這樣的想法！因為這並非真理！鉅額財富的降臨，絕對不會是**努力**工作就可以帶來的結果！如果財富降臨了，也是回應你明確的要求，要歸功於你運用的明確法則，這並不是靠機會或運氣而達成的。

一般來說，一個想法是一個意念衝動，可以啟動想像力來驅策你採取行動。所有頂尖業務員都知道，想法可以銷出賣不掉的商品。普通業務員不曉得這點，這也是為什麼他們只是「普通」的業務員。

一名專賣低價書的出版商有項發現，應該值得許多一般同業參考。他發現很多人買書只挑書名而不是內容。因為他只是把一本賣不動的書改了書名，就賣出一百萬本以上，但書的內容根本沒有變動。他只是換掉了沒辦法賣錢的封面和書名，換上了新的「賣座」書名及封面。

那個動作看起來如此簡單，但這就是一個**想法**！這就是**想像力**。

想法沒有標準的定價，是由發想人來決定。只要他夠聰明，他就能依照自己的意願訂價。

電影業造就了一大群百萬富翁，他們大多數都不是自己產生想法，**但是**，當他們見到想法時，會運用想像力來辨認想法。

而下一群新的百萬富翁將會來自廣播業，這個領域新穎，還沒有太多有深切想像力的人。那些發現或製作嶄新且有意義的廣播節目，有想像力從中辨識出具有價值的標的，將能賺取大筆財富，還能夠提供聽眾藉此獲利的機會。

方法就是成為贊助者！那些現在為所有收音機所傳播的「娛樂服務」支付成本的資助者，不用多久就可以產生想法，透過其取得想要的利潤回收。那些能夠搶先一步的人，創造提供有效服務的廣播節目，將會在這個新產業成為富翁。

現在充斥故作感傷、低聲吟唱的空中流行歌手和閒聊八卦的傢伙，盡說著一些無聊愚蠢的俏皮話，他們將會被貨真價實，能夠透過細心規劃的節目服務人們心靈，同時又可以提供娛樂效果的業界能手所取代。

這是一個開放充滿機會的寬廣領域，如果缺乏想像力，你可以直接用吶喊來抗議表達遭受殘暴淩虐的不滿，然後以任何代價乞求援助。總而言之，最重要的一點是廣播節目需要新的**想法**！

如果這個充滿機會的新領域激起了你的好奇心，也許你已經受到啟發，瞭解未來那些成功的廣播節目是將目標放在吸引更多願意「買單」的聽眾，而非「光只是用耳朵聽」的聽眾。說得更明白些，想要在未來成功的廣播節目製作人必須找到有效的方法，將「光只是用耳朵聽」的聽眾，轉化為願意「買單」的聽眾。再者，未來成功的廣播節目製作人必須能打造出在聽眾間具有明確影響力的特色。

如今贊助者對油嘴滑舌的銷售話術已經有點厭煩，不願意買單了。未來他們想要的是，只要可以讓上百萬的聽眾傻笑，還能讓他們掏錢買東西的，就是好節目跟好主持人！

如果你開始考慮進入這個充滿機會的新領域，還有另外一件也必須瞭解的事情，就是廣播節目的廣告將會由一個以廣告專家所組成的全新團體來處理，獨立且有別於以往報章雜誌的廣告公司代理人員。守舊的廣告從業人員**無法理解**現代的廣播腳本，因為他們已經被自己所養成的訓練框架限制住了，沒辦法**看見**好的想法。新的廣播廣告有新的技巧要求，必須要能將文字腳本以**聲音**詮釋！這必須花上創作者一年的努力學習，還有數千美元的金錢，才能夠獲得這個技能。

現在的收音機廣播節目正踏上電影曾歷經的路途，也就是當年瑪麗・畢克馥頂著她那一頭纏繞捲曲的長髮，第一次登上大銀幕的時刻。對那些能夠**產生或辨識想法**的人，廣播領域還有很大的空間可以讓他們揮灑。

如果上述的廣播業機會沒有讓你的想法開始運作，那你不妨忘了它。你的機會可能是在其他領域。相反的，如果它確實已經引起你的興趣，不管多麼微弱，那就請你繼續往前探究，或許你會因此得到讓自己職涯圓滿所需的**想法**。

絕對不要因為沒有廣播經驗而感到卻步。卡內基對如何製造鋼鐵，所知也很有限——這是他自己說的，但他實際運用了本書敘述的兩個法則，仍舊透過鋼鐵生意為自己帶來龐大的財富。

幾乎每一個龐大財富都是從一位想法的產生者，和一位能夠販賣這個想法的銷售者相遇，彼此合作無間的那一天開始累積。卡內基的周圍有一群人專門為他做他辦不到的事情。有人創造想法，有人負責執行想法，讓卡內基和這群人都成為令人難以置信的巨富。

許多人終其一生都在期盼好的「機運」。好的機運或許可以提供一個人機會，但最完備的計畫並非僅仰賴運氣而已。的確是有一個好的「機運」給了我人生中最重要的一個機會——**然而**，在這個機運轉變為資產之前，背後是二十五年**堅定努力**的付出。

這個「機運」是讓我遇見了安德魯．卡內基，並且得以和他合作。在那個時刻，卡內基將「必須把實踐的法則組織為成功的哲學」這個**想法**植入我的心裡。爾後，數千人因為這歷經二十五年的研究發現而獲益，運用它而累積了數筆財富。一切的開始非常簡單，就是任何人都可以發展的一個**想法**。

這是經由安德魯．卡內基而來的一個好的機運，但是其中的**決心**、**明確的目標**、**達到目標的渴望**，以及**二十五年堅持不懈的努力**呢？在經歷失望、退縮、一度失敗、批評以及有人不斷地告訴你「這是在浪費時間」的情況下，還能繼續走下去的**渴望**，一點也普通，那是**熱切的渴望**！是一種**執著**！

當卡內基先生第一次將這個想法的種子植入我的心裡時，我極盡哄勸、呵護、誘導，使它**維持活力**。逐漸地，這個想法在自己的力量下變成巨人，反過來繼續哄勸、呵護且驅使我。想法就有這種力量。一開始你賦予它生命，引導它朝著某個方向發展，之後它就會取得自己的力量，然後排除一切反對和阻礙。

想法是無形的力量，而且比產生它們的大腦擁有更強大的力量。人類的大腦會死亡，但經由大腦創造出來的想法還能繼續下去。以基督教的力量為例，是從耶穌的簡單的想法開始。最重要的宗旨為「你們願意人怎樣待你們，你們也要怎樣待人」，在耶穌升天後，**祂的想法**依然繼續流傳。有一天它會長大且成熟，進而展現它的力量，實現耶穌最深的**渴望**。而祂的**想法**已經發展兩千年了。所以別急，給想法一點時間！

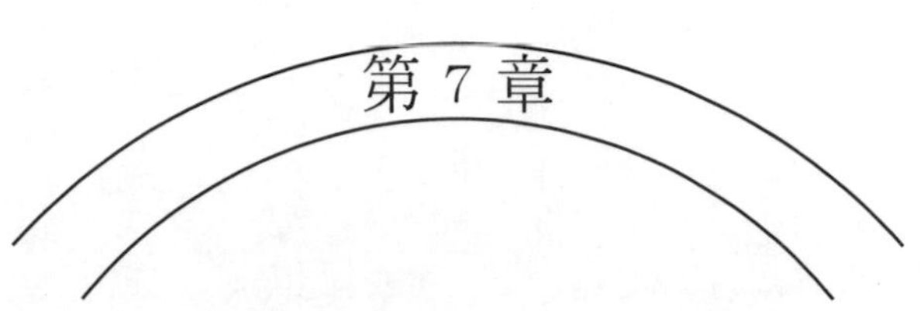

第 7 章

有組織的計畫

{成功致富法則之六}

將渴望轉為實際的行動

你已經知道，所有人創造或取得的一切，都是從一個**渴望**的形式開始。你也知道，渴望是它旅程的第一站，從抽象到具體，隨後進入**想像力**的工作坊，創造和組織出使渴望實現的**計畫**。

在第二章你已經學會六個明確的實用步驟，將你渴望的財富轉化為相應的財富實相。其中一個步驟就是要你制定出一個或多個**明確**的實用計畫，讓轉化得以實現。

接下來要向你提供如何能夠制定實用的計畫：

1. 結合一群你需要的人才，幫助你創造及執行一個或多個計畫——可應用後續章節會學到的「智囊團」法則。（這點指示**至關重要**，請務必遵守。）
2. 在建立起你的「智囊團」之前，請先想清楚**你**能提供什麼好處或利益給智囊團，以換取成員的協助。天下沒有白吃的午餐，沒有人會願意無償提供協助。任何聰明人應該都不會妄想別人在沒有合理報酬的情況下幫助自己，無論報酬是不是金錢形式都是如此。
3. 請安排與你的「智囊團」每週至少見兩次面，可以的話當然越多越好，直到你們協力制定出一個或多個可靠的計畫，幫助你取得財富為止。

4. 請與「智囊團」的每位成員保持**完善和諧**的關係。要是沒有做到這點指示，只要有隔閡存在，就可能會造成你的失敗。沒有**完善和諧**的關係，就**無法**應用這項「智囊團」法則。

接著請記住下述事實：

1. 你將身擔重任，而為了能夠達成使命，你必須握有完美無瑕的計畫。
2. 你必須借助他人的經驗、教育、天賦及想像力，因為所有成功的人都是透過這個方式累積財富的。

沒有人能夠憑一己之力，不借助其他人的經驗、教育、天賦與知識的情況下，取得他們想要累積的鉅額財富。你採取的每個致富計畫，都會是你與智囊團所有成員的共同思想結晶。儘管你有能力獨自制定計畫的全部或其中一部分，但**你終究還是需要「智囊團」成員幫助你檢查計畫，得到大家一致的認可。**

如果第一個計畫失敗了，就再換一個

如果第一個計畫失敗了，接著嘗試下一個新計畫即可，如果新計畫依然失敗了，那麼就再換一個，依此類推，直至你找到**可行**的計畫為止。絕大多數人會失敗的原因就在於此，他們缺乏創造新計畫來更替失敗計畫的**毅力**。

任憑一個人再聰明，若是沒有實際且可執行的計畫，既沒辦法累積財富，就連其他事情都將一事無成。請你記住，短暫的挫折並不意味著永遠的失敗，它只代表你當下的計畫還不夠周全。請制定出其他的新計畫，重新努力即可。

愛迪生不也是「失敗」了上萬次，才終於發明出照亮家家戶戶的電燈泡嗎？也就是說，他在努力獲得成功之前，曾經歷了上萬次**短暫的失敗**。

你的短暫失敗只意味著一件事：就是讓你知道你目前的計畫有所缺失而已。上百萬人之所以終生活在貧困與不幸中，就是因為他們缺乏可靠的計畫來幫助自己致富。

福特之所以能累積財富，並不是因為他天賦過人，而是因為他遵照了**計畫**，貫徹執行。天底下教育程度比福特高的人多的是，但他們卻都生活在貧困中，就是因為他們沒有**周全**的計畫來幫助自己致富。

你的**計畫**有多周全，你的成就就有多輝煌。或許聽起來有些廢話，但卻是不爭的事實。美國商業巨頭塞繆爾・因薩爾遭遇了經濟大蕭條損失慘重，儘管他想辦法因應局勢**改變計畫**，但這項**改變**卻仍舊遇到「暫時的挫折」，但這也只是因為他新制訂的計畫仍不夠**周全**所致。如今他年事已高，或許可能就會因年紀而向「暫時的挫折」認輸，接受「失敗」，但要是他最終真的**失敗**了，原因也只有一個，就是他缺乏重建計畫的**毅力**，任由一時挫折成為永恆的事實。

沒有人會失敗，除非他自己在**心裡認輸**了。

這句話必須得重複好幾次，因為很多人太容易在初期嚐到失敗之後，就此「一蹶不振」了。

當美國鐵路大王詹姆斯・希爾籌措資金，興建東西向的橫貫鐵路時，也曾受挫，但他越挫越勇，終究不斷地**用新計畫**扭轉成功。

亨利・福特建立汽車世界時，不僅出師不利，就連後續事業顛峰後也曾受到一時的打擊，但他藉由不斷翻新計畫，最終迎來了成功，獲得了鉅額財富。

我們往往只看見富人累積的大量財富，注意到他們的勝利，卻沒有意識到他們在「抵達」成功前曾遭遇的暫時挫折。

實踐本書法則的人，別夢想自己會一帆風順地迎來成功，在過程中不會經歷「一時的挫折」。當挫折出現時，請你當成出現警訊，表示你的計畫有所缺失，只要重新擬定計畫，再次出發，就能奔向自己的渴望。要是你在途中放棄了，那麼你就是「半途而廢的人」。**半途而廢的人不會成為贏家，而勝者永不放棄**。請把這句話寫在紙上，每個字要有一吋大，把它放在你隨處可見的地方，讓你每天晚上睡覺前、每天早上上班前都可以看到它。

當你開始挑選「智囊團」的成員時，記得要找那些不輕易言敗的人。

很多人傻傻地以為只能靠**錢**來賺錢，但這並不是真的！應用本書記載的法則，就能將**渴望**轉化為相應的財富實相，渴望才是讓金錢「產生」的工具。金錢本身沒有生命，是個不會動、不會思考、不會說話的物質，但卻能「聽見」一個人對它的**渴望**，應聲而至！

行銷服務的企劃案

本章其餘的部分，著重在提供行銷個人服務的建議。接下來所提供的資訊，不僅對每個向市場提供個人服務的人都是相當實用的建議，並且更是對那些渴望在自己的專業領域成為領導者的無價之寶。

要能成功賺大錢，聰明的計畫都是至關重要的。對於必須行銷個人來賺錢的人，這裡有一些詳細的指引。

所有的財富一開始都是提供個人服務或銷售**想法**來賺取報酬，這點會讓你受到鼓舞。一個身無分文的人，除了想法和提供個人服務之外，應該也沒有其他辦法可以換取財富了？

廣義而言，世界上有兩種人：一種是**領導者**，另一種則是**追隨者**。你要在一開始，就先決定要擔任自己專業領域的領導者，或者一直維持追隨者的身分。兩者的待遇有著天壤之別。只想當追隨者的人，沒辦法期望自己的財富能像領導者一樣多，這也是許多追隨者常常認不清的一點。

當追隨者並沒什麼不好。另一方面，當追隨者也得不到什麼榮譽。大部分偉大的領導者都是從追隨者開始起步，他們能成為偉大的領導者，是因為他們曾是**聰明的追隨者**。幾乎毫無例外的是，無法聰明地追隨領導者的人，就不可能成為有效率的領導者。一個有效率地追隨領導者的人，通常能快速發展自己的領導才能。聰明的追隨者具備許多的優勢，包括**有機會從他的領導者身上學到知識**。

領導者的主要特質

以下是領導者所具備的重要特質：

1. **堅定不移的勇氣**：基礎是來自於瞭解自己及專業領域。畢竟沒有追隨者希望自己的領導者沒自信。聰明的追隨者不會在這樣的領導者麾下久待。
2. **自制力**：連自己都管不好的人，永遠不可能管好別人。自制力相當重要，不僅能夠為追隨者樹立典範，也能引起聰明的追隨者效仿。
3. **剛正不阿**：處事不公、有所偏袒的領導者，是沒辦法讓他的追隨者心悅臣服的。
4. **果決力**：對自己的決定猶疑不決的人，表示對自己沒信心，也就沒辦法成功地領導他人。
5. **明確的計畫**：成功的領導者應該有明確的計畫，並**執行他的計畫**。如果領導者依據臆測來行事，沒有實際、明確的計畫，就如同一艘沒有舵的船那樣，遲早會觸礁。

6. **多盡一分力的習慣：**領導者必須具備的特質之一，就是必須身先士卒，認清自己必須比追隨者做得更多。

7. **親人的個性：**處事散漫、漫不經心的人沒辦法成為成功的領導者。領導者必須獲得別人的尊重。要是領導者沒有令人值得尊重的個性，也就得不到追隨者的尊重。

8. **同理心及理解：**成功的領導者必須對他的追隨者具備同理心，能夠理解追隨者的難處。

9. **掌握細節：**成功的領導者必須得對自己職務內容的所有細節瞭若指掌。

10. **勇於承擔所有責任：**成功的領導者必須為追隨者的全部錯誤和缺失擔負全責。一個遇事就想要推卸責任的領導者，將會失去領導者的地位。如果他的追隨者能力不足、犯了錯，領導者必須視為自己的過錯。

11. **合作：**成功的領導者必須理解及**運用**合作的原則，且能身體力行，引導他的追隨者一同合作。領導者需要**權力**，而權力是來自於別人的**合作**。

有兩種不同的領導方式：第一種是目前最有效率的，是能引起追隨者共鳴的**認同領導**。第二種則是得不到追隨者認同和共鳴的**強權領導**。

歷史上不乏許多強權領導，但這樣的領導方式無法長久。「獨裁者」和君主垮台的事實，證明人民不會永遠服從強權領導。

世界已經進入一種領導者和追隨者有全新關係的新時代了，非常需要新的領導者，特別是工商業需要新型態的領導者。過去流行的強權領導方式儼然已經過時了，這個世界現在需要的是以合作為導向的新領導型態。任何無法適應這個新時代潮流的領導者都將被淘汰，重新降為追隨者。這是必然的趨勢。

未來雇主與員工之間的關係，或領導者和追隨者之間的關係，將變成合作互利的模式，彼此為了事業努力，共同追求合理的報酬。未來雇主與員工之間的關係，也會從過去的雇傭關係變成夥伴關係。

歷史上的統治者，諸如拿破崙、威廉二世、尼古拉二世，以及西班牙過去的君王等，都是過去的強權領導者。但這樣的領導方式在現今已然消逝了，而類似的情況，在美國過去的企業中也屢見不鮮。唯有**受到追隨者認同的領導方式**，才能長久永續！

強權領導縱使存在，卻也必不服眾，終將無法長久。

這個新的領導方式將會包含上述所提的十一種領導特質以及其他要素。能夠以這些要素奠定領導基礎的人，不論是在各行各業都能夠成為一流的領導者。經濟大蕭條之所以漫長，很大的原因就是這個世界缺乏新的**領導方式**。儘管經濟大蕭條結束後，某些操持著過去領導方式的領導者會順應潮流而做出改革，但總的來說，這個世界對於新領導方式的渴望，仍舊嚴重供給不足。

而這個供給缺口，就正是你的大好機會！

領導失敗的十個原因

接著我們來談談領導失敗的主要缺失，因為知道**不該做什麼**和知道要做什麼是同等重要的。

1. **無法統整細節**：有效率的領導者應具備統整細節的能力。這件事情責無旁貸，「再忙」也不能當作無法做分內工作的藉口。不論是領導者或追隨者，只要表示自己「太忙」而無法調整計畫，或因應突發情況而做出改變，就意味著他是沒有效率的。成功的領導者應該有能力顧及所有職責內的細節所在。當然，這也意味著他必須分派工作給有能力的下屬處理。

2. **不肯處理小事**：真正偉大的領導者在有突發狀況時，會樂於接手任何原本應該交辦給其他人做的事情，正如《聖經》所說：「你們中間誰為大，誰就要作你們的用人。」這句話所有能幹的領導者都應該謹記於心。

3. **妄想「以知代行」，不願付出努力就想得到報酬：**這個世界運作的方式向來就不是看誰有多少「知識」來決定他的身價，而是看誰**做**多少，或引導其他人一起做。

4. **害怕被追隨者超越：**害怕被追隨者取代的領導者，遲早都會面臨恐懼成真。能幹的領導者會透過訓練副手，將許多工作分派給他。只有如此，他才能空出時間和注意力，同時處理更多的事情。**能交託別人做事**的領導者，比起只憑一己之力做事的人更有價值，報酬自然也更高。能幹的領導者能夠善用對工作的瞭解及自己本身的特質，大幅提升別人的工作效率，讓別人因他的指點而完成更多的工作，也提升品質。

5. **缺乏想像力：**一個缺乏想像力的領導者，無法應對突發狀況，也沒辦法制定有效率的計畫來領導他的追隨者。

6. **自私：**一個會把追隨者所有的功勞搶走的領導者，勢必被追隨者人見人厭。一個偉大的領導者**是不居功的**，願意將功勞歸給追隨者，因為他知道大部分追隨者的成就受到讚美和肯定時，會比只為了錢而更努力工作。

7. **不知節制**：沒有追隨者會追隨一個沒有節制的領導者。此外，沉溺於任何形式的放縱都會摧毀一個人的耐力及活力。

8. **不忠誠**：或許這點應該擺在第一點才對。任何不忠誠的領導者，無論是對公司、同仁、工作崗位上的上級或下屬，終將導致他領導生涯的結束。不忠之人比過街老鼠更不如，人人喊打，更令人嫌棄。不忠在各行各業都是失敗的重大惡因。

9. **喜歡彰顯領導的「權威」**：一個有效率的領導者會透過鼓勵來帶領他的追隨者，而非用威嚇的手段。老愛利用自己的「職權」壓人的領導者，無異於一個**強權**的統治者。而一個**真正的領導者**會透過他的同理心、理解力、處事的公平性，以及在工作中所展現出的專業來證明自己。

10. **賣弄職位**：一個有能力的領導者不需要向人說明自己的「頭銜」，爭取追隨者的尊重。任何喜歡過度強調自己頭銜的領導者，可能是沒有其他事情可以說嘴。真正的領導者會敞開大門歡迎任何人進來，不糾結於禮俗、不迷戀於排場。

以上是所有常見的失敗領導。犯下上述任何一點，都可能會導致領導失敗。

仔細研讀這份清單，任何期望成為領導者的人，不得不慎。

急需「新式領導」的藍海領域

在我們結束本章前，我想向你介紹一些目前非常有利可圖的領域，這些領域目前缺乏良好的領導者，而對具備新式領導才能的人來說，這些領域無異於是一片藍海，是他們的大好**機會**。

1. **政治界：**政治領域目前急需新式領導者，情況已經到了危急的程度，因為目前大部分的從政者都已淪為高階的合法斂財專家。在稅收節節高升以及企業機制已被他們玩壞的情況下，現在就看人民能撐到哪天為止。
2. **金融界：**銀行業目前正在進行改革。該領域的領導者目前感受到他們已失去社會大眾的信心，所以他們很清楚改革勢在必行，並且已開始了。
3. **工業界：**工業界也殷切盼望著新式領導者的到來。過去的領導者唯利是圖，罔顧人權平等！未來的領導者若想長久經營，必須得調整自己，將自己視為民營事業的公務員，身先士卒、為民服務，維護自己的信譽，也要確保不對任何人造成危害。過去壓榨勞工的常態已經成為了過去，任何想成為領導者的人無論身處各行各業，務必謹記。

4. **宗教界：**未來的宗教領導者會需要花更多心思處理信徒當下的財務或個人問題，而不只回答信徒那些回不去的過去，或還沒到的未來問題上。

5. **法律、醫療、教育界：**上述這些領域，也都急需新式領導人才，尤其以教育界為甚。在未來的教育界，領導者必須著重於教導學生**如何應用**所學，他們必須重視**實務**，而少談**理論**。

6. **新聞媒體界：**新聞媒體界也渴求新式領導者的到來。未來的報紙媒體等必須得從「特權」的控制中解脫，要能不再受制於他人的廣告補助，不再只刊登對贊助者有利的內容。而那些刊登醜聞或者腥羶內容的媒體，只會腐蝕人類的思想，也必須有所改革。

上述所提不過是各行各業急需新式領導者的少數領域。這些行業都能為新式領導人才帶來無窮的機會。此刻世界正經歷著劇變。上述提及的媒介，都能促進人類改變習性，必須因應變革而改變。上述提及的媒介，更是扮演著舉足輕重的地位，決定著世界文明的未來。

應徵工作的時機與方法

以下記載的資訊，是幫助過數以千計的人成功推銷個人服務的方法，因此，都是可靠且實用的。

找工作的管道

下列是經過實驗證實，能夠媒合勞資雙方最有效且最直接的管道：

1. **職業介紹所：**找職業介紹所協助時，務必要尋求聲譽良好的公司來幫忙。一家聲譽良好的公司，治理必定也有一定水準，進而確保他們所提供的服務會是令人滿意的。然而這樣的公司並不太多。
2. **求職廣告：**在報章雜誌、商業週刊及廣播的求職廣告。應徵行政文書或一般薪水的人，可以依賴分類廣告得到滿意的結果。較高階的管理職比較適合主動刊登廣告，引起雇主群的注意。這種刊登的廣告內容最好是請專家設計，因為他們對如何寫出能夠有效取得回應的文案比較在行。

3. **個人求職信**：直接寄給最有可能需要你服務的個人或公司。信件內容務必**編排整齊**，並且**通常**以手寫簽名。同時，必須附上一份完整介紹自己本身條件的「簡歷」，扼要列出求職者的經歷。求職信和簡歷同樣都需經由專家之手。（後續會說明應撰寫的內容有哪些。）

4. **透過熟人介紹**：可以的話，最好能透過熟人的牽線，幫助你找到未來的雇主。這個方法特別適合尋求主管級的工作，又不喜歡到處張揚、拋頭露面「推銷」自己的人。

5. **親自登門拜訪**：在某些情況中，親自向自己理想的公司或雇主登門毛遂自薦會是最有效的方法。要帶上自己的完整履歷和相關資料，因為潛在雇主多半都會想跟同僚討論應徵者的資歷。

簡歷應該提供的資料

準備簡歷應以律師準備法律相關文件的規格般，謹慎地撰寫。除非本身已有撰寫這種簡歷的經歷，否則最好還是尋求專家的協助。成功的商人會聘請懂得廣告行銷藝術與心理學的專業人才，幫他打廣告凸顯產品的亮點。任何想推銷自己的人，也都應該要這麼做。以下是簡歷應該提供的資料：

1. **教育程度**：請言簡意賅地說明自己所受過的教育、就讀過的學校與科系等，並且說明選擇這個專業領域的原因。

2. **工作經歷**：如果你有相關工作經歷，請務必要完整敘述，最好附上前雇主的聯絡方式。記得明確指出你具備哪些**獨特**的經歷足以勝任這個職缺。

3. **推薦函**：幾乎每家企業都想知道每位求職者相關的過去，可以附上以下這些人的推薦函影本：

(1)以前的雇主

(2)學校老師

(3)可信賴的知名人士

4. **個人照片**：請附上一張個人的近照。

5. **應徵明確的職位**：請避免只是應徵工作，卻沒寫出**具體的**應徵職位。千萬不要寫「什麼職位都可以」，這反而會顯露出你缺乏專業的能力。

6. **展現適任的資格**：請向你的雇主明確說明你符合該職缺的原因。盡可能地將自己所具備的相關能力與條件鉅細靡遺地呈現給你的雇主。**這是應徵信中最重要的細節**，這部分比任何條件更決定了你應徵的成敗。

7. **主動爭取試用期**：在大多數的情況中，如果你非常有心想要得到某一份工作時，最有效的方法就是向雇主提供試用期，好讓雇主能夠評估你是否勝任，而**不用付出任何代價**。試用期可以是一週、一個月，或者任何你覺得足夠長的時間。儘管這樣或許有些激進，但是至少能確保你換得一個他們願意給你嘗試的機會。要是你確定**自己能力足以勝任**，那麼你唯一需要的就是一個展現的機會而已。而且你爭取試用的行為，能展現出你充滿自信、足以勝任的訊息給雇主。後續只要雇主滿意，很可能也會一併支付你「試用期」的薪水。確認你的提議是以下列為基礎：

(1)展現自己足以勝任的能力。

(2)展現自己在試用期過後，一定會被錄取的信心。

(3)展現自己一定要得到這份工作的**決心**。

8. **對應徵企業的認識**：在應徵該職缺前，務必先調查該公司，徹底瞭解你應徵的公司，並且在簡歷中寫出對該產業的認識。這麼做會留給雇主深刻的印象，顯示出你對這個職位的野心和興趣。

請記住，一場官司贏的往往不是熟悉法律的律師，而是對該案有著充分準備與瞭解的律師。如果你能對你應徵的「案子」有充分的準備，那麼你一開始的勝率就已能有五成以上了。

也不用擔心自己的簡歷內容是否會過長，雇主對選出應徵者的興趣就如同你想要取得這份工作一樣。事實上，所有成功的雇主之所以成功，都是因為具備慧眼識人的能力。他們自然會想要盡可能地得到所有可得的資料。

還有一件要記住的事情，就是要讓自己的簡歷內容排版整齊、條理分明，能夠展現出你是一個認真勤勉的人。我過去曾幫助過許多客戶準備簡歷，因為內容傑出、令人驚豔，所以他們後來都得以跳過個人面試，直接讓雇主當場錄取。

你的簡歷內容完成後，請務必裝訂整齊，或請人幫你編輯或排版。封面類似這樣：

應徵者：羅伯特．史密斯

應徵職位：某某公司總裁私人祕書

記得應徵不同公司時，都要更換公司名稱及應徵職位。將公司名稱打出來，肯定能夠吸引到雇主的目光。記得列印簡歷時，內頁要用最好的紙張，封面要用最好的厚紙，並裝訂成冊。如果同時應徵幾家公司，記得每份履歷的公司名稱不能出錯，並且要打出公司的全名。自己的個人照片要貼在其中一頁。請以這些原則為依據，然後自由發揮你的創意。

成功的業務員都會好好打理自己的門面，他們深知給人的第一印象相當重要，而你的簡歷就是你的業務員。給它精美的外觀，讓它從眾多履歷表中脫穎而出，讓雇主對你另眼相看。要是這份工作值得擁有，那麼它也就值得你的努力。如果你能夠在面試時，用自己的個人特質深深打動雇主，你的起薪可能會比用一般方式應徵來得更高。

如果你是透過廣告仲介或職業介紹所求職，務必請他們使用你自製的簡歷來幫你媒合。這樣能夠為你博得這些仲介和雇主對你的好感。

如何取得渴望的工作

大家都希望能夠做最適合自己的工作，就好比畫家喜歡手拿畫筆、工匠喜歡做工藝，作家喜歡書寫。就算是比較沒有特定天賦的人，也會有自己比較偏好的產業和工作。如果美國有所好處，就是可得的工作機會百百種，不論是農業、製造業、行銷業及各行專業中，都能找到自己的一片天。

1. 決定自己要的**具體**工作是什麼。如果這份工作尚不存在，那麼就自己創造出這份工作。
2. 選擇你想工作的公司或雇主。
3. 好好瞭解你的雇主，包括公司的政策、人事以及升遷機會等等。
4. 透過分析自己，找出自己的天賦與優勢，瞭解**自己能提供什麼**，並且構思計畫和方法讓你能有機會一展長才，提出自己的優點、能提供的服務、你**相信**的想法等。
5. 請忘記自己在「找工作」的念頭。不要去想自己是否有機會。忘掉一般慣例的「你可以給我一份工作嗎？」而是專注於**你能給出什麼**。
6. 心中一旦有了計畫之後，請找有經驗的人來幫你整理內容及編輯排版，讓你的個人優勢與細節在紙上得以完整展現。
7. 將這份應徵信交給**適當的權威人士**，他會完成其餘部分。每家公司都渴望能招募為他們帶來價值的人才，不論是想法、服務，甚至「人脈」等。一個人如果能為公司提出有益的具體行動計畫，所有大門將隨時為他敞開。

上述的這些過程或許會花上你幾天或幾週的時間，但是在收入、升遷以及獲得賞識等方面所帶來的改變，會讓這一切相當值得。做這些事情的好處相當多，其中最主要的一個，就是它能夠幫助你省下一到五年的時間來達到你理想的目標。

所有在事業上能夠半途「插隊」的人，都是透過縝密的計畫與準備而得的。（當然除了老闆的兒子例外。）

將工作變成合作

任何人如果在未來想要將自己提供的服務行銷到極致，就必須得先瞭解一件事情，也就是目前雇主和受雇者之間的關係已經發生了劇烈的變化。

行銷商品或服務的未來趨勢，「以禮相待」而非「唯利是圖」將會是關鍵，而未來雇主和受雇者的關係，將會改變為下述三者的合夥關係：

1. 雇主
2. 受雇者
3. 他們服務的大眾

之所以將這個行銷個人服務稱為新方式，有許多原因：首先，未來不論是雇主或受雇者都將被視為員工的同事關係，他們的事業就是**有效率地服務大衆**。過去的雇主與受雇者都是以謀求個人最大的利益為目標，互相討價還價，但是他們沒注意到**議價行爲會犧牲第三者的權益，也就是他們服務的大衆**。

歷史上的經濟大蕭條，就是社會大眾被那些追求個人利益的人糟蹋，所發出最強而有力的抗議。而在大蕭條結束之後，企業也應該會逐步恢復平衡，不論是雇主或受雇者，都會發現他們**不能以犧牲大衆利益來謀求自己最大的利益**。未來真正的雇主將會是我們的社會大眾，所有想要有效行銷個人服務的人都必須銘記於心。

美國目前幾乎所有的鐵路都深陷財務危機。為什麼一個公民忘了車程或車次，就會突然向售票亭詢問，且得到禮貌的答覆，而非自己看公布欄找資訊？路面的有軌電車也經歷了「時代的變遷」。在不久前，許多路面電車司機都還以跟乘客爭執沾沾自喜。然而現在大部分的路面軌道都已移除了，乘客改搭公車，因為公車司機無不「彬彬有禮」。

整個國家的有軌電車軌道都已荒廢生鏽，甚至已移除了。仍在營運的地方，乘客都能享受沒有爭論的旅程，甚至在路中招車，電車駕駛都會**殷勤地**接他們上車。**時代已經改變了！**此外，這個趨勢不僅是在鐵路局及有軌電車上，更體現在社會各行各業。過去的「死老百姓」政策儼然已成過去，現在由「以客為尊、服務至上」的新政策所取代。

銀行業者也在過去幾年巨大的改變趨勢中有所覺察。現在的銀行員要找到像以前那麼沒禮貌的，幾乎是不可能的任務。因為在過去，雖然不是全部，但許多銀行業者都給人一種嚴肅感，早在大老遠就把想借錢的客戶嚇跑了！

在這次經濟大蕭條中，數千家銀行倒閉，讓銀行業者決定拉近與客戶的距離，拋棄過往設計上與客戶區隔的工作場所，改以在開放空間接待前來諮詢或接洽的客戶，整間銀行的氛圍也由過往的嚴肅變為親切有禮。

過去，顧客總是站在街角雜貨店等著，直到店員與朋友一起度過快樂的一天，老闆到銀行存好錢了之後，才能得到他們的服務。但現在的連鎖超商都是由**彬彬有禮的人士**來經營，除了給顧客擦鞋外，他們基本上什麼都做，這使得**傳統**

商店頓時黯然失色，進而被時代淘汰。時代眞的在進步！

「禮貌」與「服務」已是當今做生意的財富密碼，需要行銷個人服務的人比雇主更講究，因為歸根結柢，不論是雇主或受雇者最終**都是受雇於是服務社會大眾**。要是服務得不好，他們就失去了服務的榮幸了。

我們都還記得以前瓦斯抄表員總是大力地敲門，力量大到足以讓玻璃破裂。等到開門了，他還直接進到家裡來，帶著一張臭臉像是責問你：「為什麼要讓我在外面等那麼久？」然而這一切都發生了變化，現在的抄表員舉止都像紳士，秉持「服務至上」的精神。早在瓦斯商得知他們的抄表員整天都擺著臭臉，不斷造成客戶無法挽回的損失前，彬彬有禮的煤油暖爐業務員早就已經趁虛而入，成功談成一筆又一筆的生意。

在經濟大蕭條期間，我在賓州的無煙煤地區待了幾個月，研究幾乎摧毀這裡煤炭業的原因。在幾個重大的發現中，我發現煤礦業者和員工的貪婪是導致他們自己失去煤礦生意和工作的主要原因。

一群代表礦工極力爭取利益的勞工領袖向業者施壓，以及煤礦業者對利潤的貪婪無度，導致無煙煤礦業突然萎縮。煤礦業者和勞工之間激烈的利益爭奪之下，「討價還價」的代價就是煤炭價格被墊高，轉嫁給社會大眾買單，直到最後他們才發現他們已經**爲燃油公司和原油公司創造了的大好商機**。

「罪的工價乃是死！」許多人都在《聖經．羅馬書》讀過這一句話，但卻很少人真正瞭解它的含義。從過去到現在這幾年，全世界都聽「強權」行事，被迫灌輸「種因得果」的道理。

經濟大蕭條能造成如此廣泛的影響，其中絕對不可能「只是一個巧合」。在蕭條背後必定有「原因」。追根究柢，經濟蕭條的原因可直接追溯回全世界慣於只想要有好的**收成**，但卻沒有播下好的**種子**。

請不要誤會，我的意思並不是這個世界**被迫收成**他們沒有播下的種子，造成了經濟大蕭條，而是這個世界**播下了錯誤的種子**。任何農夫都知道種下什麼種子，就會得到什麼作物。從世界大戰爆發以來，世界大眾開始播下的服務種子都是品質、數量不佳的。過去幾乎每個人都試圖**不勞而獲**。

提出這些例子，是想讓那些要向市場提供個人服務的人注意到，我們之所以處在這樣的地位及身分，是因為**我們自己的行爲**！要是因果法則操控企業、金融和交通運輸，那麼同樣的法則也適用於個人，並決定了他們的經濟地位。

您的QQS有幾分？

上述的篇幅已經清楚說明了，有效及永續的個人服務之所以成功的原因。除非對這些原因加以研究、分析、理解及**應用**，否則沒有人能提供有效及永續的個人服務。每個人都必須是自己服務的推銷員。提供服務的**品質**和**數量**，以及提供時的**精神**，大幅決定了價格以及工作期限。為了有效行銷自己個人服務（意即取得長期的市場、滿意的報酬，以及令人愉快的工作環境），必須遵循這條「QQS」法則，也就是結合「品質」（quality）、「數量」（quantity）及「合作精神」（spirit of cooperation），等於有完美的行銷能力。請記住這條QQS法則——並且**運用它**，**使之成爲一種習慣**！

我們先探討這個法則，確保清楚知道它的意思：

1. 服務**品質**應解釋為盡可能以最有效的方式執行與職位相關的每個細節，總是心懷著更有效率的目標。
2. 服務**數量**應理解為養成**習慣**，隨時竭盡所能，提供你所能貢獻的一切服務，並透過磨練與經驗累積，讓技能更加成熟，進而提高自己服務的數量。再強調一次，重點在於**習慣**一詞。

3. 服務的合作**精神**應該理解為愉快、和諧相處的**習慣**，有助於促成同事和員工的合作。

但光是有適當的**品質**和**數量**，並不足以確保你的服務能有永久的市場。你提供服務時的行為與**精神**，才是決定你所得價格與工作持續的關鍵性因素。

安德魯．卡內基在談到自己成功推銷個人服務的因素時，格外強調這點。他一再地強調**和諧相處**的必要性。他強調，不管一個人的能力有多好，在**品質**與**數量**上有多佳效率，**除非**他能以**和諧**的精神工作，不然這個人就不會被卡內基**留用**。為了證實他特別重視和諧相處的人格特質，他幫助許多**符合他的標準**的人變得相當富有。但那些與他理念相悖的人就會被解雇，讓位給他人。

我一再強調愉悅個性的重要性，因為它是服務**精神**的重要因素。任何人只要有著**愉悅**的性格，在提供服務時具備**和睦**的精神，這項資產就能彌補一個人服務上**品質**與**數量**的不足。然而，**令人愉悅的行爲舉止**是無可取代的。

您的服務值多少？

只要一個人的收入是來自於銷售個人服務，基本上他跟一般販賣貨品的商人就是一樣的，而且也可以說，這種人**應遵循的法則**與販賣貨品的商人無異。一再強調這點的原因在於，大部分以銷售個人服務維生的人，錯以為自己不需要遵守販賣貨品業者的責任與行為準則。

行銷服務的新模式，儼然已將過去雇主與受雇者兩種對立的角色，轉變為彼此互相合作，共同考量第三者的權益，也就是他們所**服務的社會大眾**。

過去「著重獲得」的時代已經結束了，現在的趨勢是「樂於付出」。過去高壓的企業經營方法已然不適用了，無須留戀，因為未來所有企業經營都不再需要那些高壓方法。

頭腦的真正價值，可用你（行銷的個人服務）所創造的收入來衡量。若要公允地評估你服務的資本價值，可以將年收入乘以十六又三分之二，因為將年收入視為你個人服務資本價值的6%，是一個合理的計算方式。金錢的價值低於大腦的價值，而且往往低上許多。

如果有效行銷你聰明的「頭腦」，會比銷售貨品的資本更高，因為「頭腦」這項資本不會受到經濟大蕭條而貶值，偷不走也用不完。要是沒有有效的「頭腦」來幫助事業發展，經營事業必備的資本就跟一座沙丘般毫無價值可言。

失敗的30個原因，你中了幾個？

人生最可憐的，莫過於許多人明明非常努力，但卻仍舊失敗！只有少部分人能成功，而大部分人皆失敗的情形，是這個世界的悲劇。

我有幸能分析幾千名男女，有98％的人都是歸類為「失敗」。因為我們的文明社會和教育體系有一些難以處理的問題，導致這世上有98％的人終其一生只能以失敗收場。不過我寫這本書的目的，並不是為了要改革這個問題；這需要本書的一百倍篇幅。

我透過研究得出失敗的主要原因有三十個，而成功致富的法則有十三條。本章中，會詳列三十個失敗的主要原因。你在瀏覽這份清單時，請逐一檢查，看看到底有哪些原因從中作梗，阻礙了你的成功。

1. **先天遺傳不良：**天生智能就有缺陷的人，幾乎沒有什麼辦法可以幫得上忙。本書所提供的方法中，也只有透過「智囊團」的幫助才能解決這個窘境。然而，這是這三十個失敗的原因當中，**唯**一不容易透過個人力量**輕易改正**的。

2. **缺乏明確的人生目標：**沒有核心方向或**明確目標**的人，想要成功是近乎渺茫的。我分析的人們中，有98％的失敗者缺乏這樣的目標。或許這就是他們之所以會**失敗的主要原因**。

3. **沒有不甘平凡的野心：**生活不思進取，或者不想在人生中有所進展，還有不願意付出代價的人，成功的希望也必定是渺茫的。

4. **教育程度不足：**這是比較容易克服的問題。過去經驗也證明，擁有最好學養的人往往是那些「白手起家」或自學成才的人。一個人想要有學養，需要的不只是大學學歷。有學養的人，指的是一個人有能力達成他想要的人生目標，而且不侵犯他人的權利。受教育不僅是知識的傳授，更包含了如何持續地**應用**這些知識。人之所以能夠獲得報酬，並不在於他具備什麼知識，而是在於他**能運用他知道的知識**。

5. **缺乏自律能力：**紀律來自於對自我的控制。這意味著一個人必須要能控制自己不好的個性。你想要掌控情況，首先必須能先控制自己。自制是你最具挑戰性的工作。如果你控制不了自己，那就會被自己打敗了。只要去照照鏡子，就能同時看到你最好的朋友以及最可怕的敵人。

6. **身體狀況欠佳**：想要成功，沒有健康的身體也是不可能的。但是許多健康方面的問題，基本上都能透過自我控制來解決。其中主要的有：

⑴攝取過多有害健康的食物。

⑵錯誤的思考習慣；凡事往負面想。

⑶錯誤使用或放縱無度的性生活。

⑷缺乏適當的體能運動。

⑸呼吸方式有誤，以致新鮮空氣吸收不足。

7. **童年期的不良環境影響**：「樹苗沒有扶正，樹木就會長歪了。」大部分有犯罪傾向的人，都是由於童年時期不良的環境影響，以及結交了不當的朋友所致。

8. **拖延習慣**：這是最常見的失敗原因之一。「拖延症」是個可怕的惡魔，潛伏在每個人心中陰暗的角落，伺機破壞每個人成功的機會。大部分人之所以會失敗，就是因為老是在等著「對的時機」到來。別再空等了，這世上沒有所謂的「對的時機」。請立刻開始起步，先善用手上的任何工具，其他更好的工具將會陸續到來，必定能越走越順，漸入佳境。

9. **缺乏毅力**：「虎頭蛇尾」是我們大多數人難以避免的習性。此外，人們很容易在看到失敗的第一次跡象時，就宣布放棄。擁有堅持下去的**毅力**，是無可取代的利器。任何人只要能**堅持不懈**，那麼堅持不下去的就會是他的「失敗」，能永久與失敗道別。失敗是無法抵抗毅力的。

10. **消極的性格**：性格消極的人天生就散發著使別人退散的特質，成功無望。因為成功來自**力量**的運用，而力量得仰賴與他人合作。性格消極的人，沒辦法讓別人願意與他合作。

11. **對性衝動缺乏控制**：所有促使人採取**行動**的刺激之中，性能量是最強大的。因為它是人類最強大的情緒能量，所以人必須加以控制，並且將這股能量轉化到其他的抒發管道。

12. **對「不勞而獲」的過度妄想**：投機的天性導致了上百萬人的失敗。這從一項研究一九二九年華爾街股市的崩盤能夠得到證實，當時數百萬人的失敗就是因為沉迷於炒股票的投機賭博。

13. **缺乏果斷的決心**：成功人士一向行事果決，但如果需要做任何改變，則會慢慢長考。失敗的人則猶豫不決，雖偶有決定，卻常三心二意、朝令夕改。優柔寡斷與拖延習慣是兄弟檔，只要有其中一個，通常也會伴隨著另一個。所以必須要在它們「綁死」你造成**失敗**前，先下手為強，好好一次根除這兩個壞習慣。

14. **人的六種基本恐懼：**你會在第十五章瞭解到這些恐懼。你必須克服這些恐懼，才能有效地銷售自己的服務。

15. **錯誤的人生伴侶：**選錯自己人生的另一半也是常見的失敗原因。婚姻意味著與另一半緊密的結合，要是彼此關係不好，就必定會導致失敗。此外，婚姻失敗造成的不幸及痛苦，更會毀掉一個人所有的**抱負**。

16. **過於保守：**不敢冒險的人，勢必就只能撿別人留下的。過於保守與不夠謹慎都是要注意的問題，應該避免的極端。人生本身就是充滿了偶然性。

17. **錯誤事業夥伴：**這也是常見的事業失敗原因之一。在行銷自己的服務時，要慎選夥伴，他要能為你激發靈感，並且他本身既聰明又成功。正所謂近朱者赤、近墨者黑，人會模仿與自己接觸最密切的人。那麼勢必得慎選一位值得效法的雇主！

18. **迷信與偏見：**迷信是一種恐懼的形式，也是一種無知的表現。成功人士心胸寬大，無所畏懼。

19. **選錯行：**如果從事自己沒有興趣的工作，是不會成功的。行銷個人服務最重要的步驟，就是要選擇你願意全心全意投入的行業。

20. **努力的方向不集中：**樣樣精通的人，常常是樣樣不精。請全心全意地投入在一個**明確的目標**上。

21. **花錢無度的習慣：**花錢如流水的人之所以不能成功，主要是因為他們終日深陷在**貧困的恐懼**之中。養成固定儲蓄的習慣，將每個月的收入設定比例存下來。一旦銀行有了儲蓄，你在行銷自己的服務時，才有議價的**勇氣**。要是沒有儲蓄，你就只能任人宰割，別人說多少就是多少。

22. **缺乏熱情：**對工作沒有熱情的人，也沒辦法讓顧客買單。此外，熱情是會感染的，一個有適度熱情的人，基本上在任何群體都能受到歡迎。

23. **故步自封：**有「封閉」心態的人很少長進。故步自封會讓人停止學習知識。當中危害最大的就是與宗教、種族、政治立場相關的偏執觀念。

24. **毫無節制：**在無節制的行為類型當中，危害最大的是飲食、飲酒及性行為的放縱。上述任何行為要是不加以節制，都是成功的致命傷。

25. **無法與他人合作：**因為這項缺失導致失去工作或錯失大好機會的人們，遠比其他的原因加總起來還多。這也是見多識廣的企業家或領導者絕對不會容忍的錯誤。

26. **擁有並非通過自我努力而獲得的權力：**（富二代子女，或是透過繼承取得大筆錢財的人。）不是自己一步一腳印積攢出來的權力，對成功都是致命傷。**快速致富**比起貧窮更危險。

27. **蓄意欺騙：**誠實的價值無可取代的。儘管有些人有時候可能迫於當下情勢，必須得暫時說謊，或許不會造成長久傷害。不過那些自己蓄意說謊的人，他的人生將與成功**無望**。遲早會自作自受，屆時將賠上自己的名聲，甚至自由。

28. **自負與虛榮：**這些特質就像是紅色警示燈一樣，警告周圍的人要避開。**它們是成功的致命傷**。

29. **胡亂猜測，懶得思考：**許多人對事情的**眞相**漠不關心或懶得查證，以致常**思考不正確**。他們經常為了趕快做決定，而以胡亂猜測或倉促判斷的「意見」行事。

30. **缺乏資本：**這也是許多創業者常見的失敗原因，由於沒有足夠的資本，以致無法吸收錯誤所帶來的損失，撐不到打響**信譽**的那一刻。

31. **其他：**在此請你想想，並在這裡列出你曾經遭遇過，但是上述皆未提及的失敗原因。

上述三十條是失敗的主因，可描繪出人生悲劇的樣貌，幾乎吻合所有嘗試卻失敗的人。如果你能找到某個瞭解你的人，陪你一起瀏覽上述的要點，幫你診斷一番，會相當有幫助。自我評量也有所助益。然而每個人難免有盲點，可能會看不見一些別人可以輕易看見的部分。你可能也是其中之一。

你知道自己的價值嗎？

有一句古老的勸世金句是：「人要瞭解自己！」如果你想要成功地銷售產品，勢必要瞭解這個商品。行銷自己的服務也是如此。你應該瞭解自己的所有缺點，以便你可以彌補或完全消除它們。你應該要瞭解自己的優勢，以便在行銷自己的服務時，能夠運用它們。只有透過**準確**的分析，你才能得以清楚瞭解自己。

不瞭解自己的後果，可以從一個年輕人的故事得到例證。這位年輕人應徵一家知名企業的某個職位，面試給人很好的印象，直到公司經理問他期望的待遇是多少時，他表示自己沒有期望的待遇（**缺乏明確的目標**）。於是經理說道：「公司會在一個星期的試用期後評估，依據他的價值付給他應得的薪資。」

「我不接受！」這位應徵工作的年輕人回答：「**我希望的待遇必須高過我現在的工作。**」

請記得，在你開始商議你下一份職位的薪水，或在其他地方找工作之前，**請確保你的價值必須比現在的薪水還要高**。

想要錢是一回事，每個人都想要更多錢，但追求**更高的身價**就完全是另一回事了！許多人會以為自己**想要的**就是他們**應得的**。但其實你期望的薪資跟你的**身價**一點關係也沒有。因為你的身價，是建立在自己能提供實用的服務，或是你有引導別人做事的能力。

自我評量28題

就像商人會年終盤點，要有效推銷個人服務，每年都要進行一番自我評量。此外，每次的檢視都應能**減少錯誤**、提升**優點**。人生不進則退，或是原地踏步。目標應該放眼提升。進行年度自我評量，能更瞭解自己每年的進展，如果有所進步的話，成長了多少。它也能及時發現自己退步的地方。要有效地行銷個人服務，必須持續進步，即使進展的步調緩慢也要堅持。

每年的自我評量請安排在年底，這樣可以方便你參考，順便制定明年的新目標。請你藉由回答以下的問題，好好檢視，並且要找一個能幫助你誠實面對自己精準判斷的人一起進行。

□我是否達成了今年設定的目標？（你應該制定一個明確的年度目標，作為你主要生活目標的一部分。）

□我是否盡力提供了最優良**品質**的服務，或今年我是否已改善我服務的任何部分？

□我是否已盡我所能提供了最大**數量**的服務？

□我與他人是否和諧相處，展現與他人的合作精神？

□我是否縱容自己**拖延**以致效率降低？如果有的話，程度為何？

□我是否改善了我的**個性**？如果有的話，是在哪方面？

□我是否**堅持**完成自己的計畫？

□我是否在所有情況下都**迅速且明確地下決定**？

□我是否任憑六種基本恐懼的一項或多項，拖累了自己的效率？

□我是否有「不夠謹慎」或「過度謹慎」的問題？

□我與同事的合作是否愉快？如果有不愉快，我要負起部分的原因，或都是我個人所導致的？

□我是否因為努力的方向缺乏**專注**，導致了浪費精力？

□我是否對所有事物都持開放的心態，容許別人有不同的立場？

□我在哪些方面改善了我提供服務的能力？

□我有任何不節制的習慣嗎？

□我是否在公開或私底下表現出**自大**的心態？

□我與同事相處時，我的舉動是否能贏得他們對我的**尊重**？

□我的意見和**決定**是基於猜測，還是依據精確的分析及**思考**？

□我是否養成習慣遵守預先擬定的時間、花費及收入？有超過各項預算嗎？

□我花了多少時間在**無益**的事情上，那些時間本來可以用得更有價值？

□新的一年，我如何**重新擬定時間規劃**和調整自己的習慣，使來年能更有效率？

□我是否做過任何違背自己良心的惡行？

□我以什麼方式提供了比我所得到報酬**更多且更好的服務**？

□我是否對任何人不公平？如果有的話，是以什麼方式？

□如果我是這一年向我購買服務的買家，是否滿意我自己的服務呢？

□我是否選對行業？如果沒有，原因為何？

□是否所有的買家都滿意我提供的服務？如果沒有，原因為何？

□在成功的基礎原則上，我目前得到的分數為何？（請公平、誠實地給自己評分，並且找一個勇於正確檢視的人來幫忙打你分數。）

在閱讀並吸收本章所要傳達的內容後，你現在可以制定實用的個人服務行銷企劃案了。本章中充分描述了制訂個人服務的行銷計畫必須具備的每個要素，包括領導者的主要特質、領導失敗的常見原因、有領導機會的領域介紹、各行各業失敗的主要原因，以及用來自我評量的重要問題。

上述資訊相當豐富且詳細，是因為這是所有想要行銷個人服務達到致富的人都需要用到的要素。不管你是剛失去財富或剛開始賺錢，只要你是提供個人服務來換取財富，就必須掌握這些資訊，好讓你能將自己的服務效益最大化。

本章所記載的資訊，對所有渴望在任何職業中獲得領導地位的人來說，都具有極高的價值。對打算以商業或企業高階主管身分來行銷服務的人更有幫助。

完全吸收並理解這些資訊，將有助於行銷自己的服務，也有助於提高分析和識人的能力。這些資訊對人事主管、員工經理，或其他管理人事或員工的高階主管，以及維護公司營運效率的人來說，都將是無價之寶。如果你不相信的話，請你先親自回答上述二十八個問題，就能測試可靠性。

何處有致富的機會？

既然我們已經分析了致富的法則，接下來你會想知道「哪裡有機會可以讓我們應用這些法則呢？」好的，就讓我們一起來檢視，看看美國提供給所有尋求致富的人，當中都有哪些大大小小的機會。

首先，必須記得的是，在我們**所有人**生長的國家裡，**每一位守法的公民，都享有全世界任何地方或國家都比不上的思想和行爲自由**。大多數人從未瞭解自己擁有的自由優勢，不曾將我們無限的自由與其他自由受限的國家加以比較。

我們有思想的自由、選擇教育的自由、宗教信仰的自由、政治偏好的自由、選擇職業的自由、在不受妨礙的情況下，**能夠積累及持有財富**的自由、選擇居住地的自由、婚姻的自由、所有人種都享有平等的自由、在各州自由旅行的自由、選擇食物的自由，以及**追求想要的任何地位**的自由，即使想成為美國總統也行。

我們還有許許多多其他的自由，上述列出的不過是縱觀一切自由中最重要的幾項，最大的致富**機會**就蘊含其中。並且自由所帶給我們的優勢尤其顯著，因為美國是唯一一個給予每個公民，無論是本地出生還是後來歸化的，都有如此廣泛且多元自由保證的國家。

接下來，讓我們好好檢視一下，我們所擁有的廣泛自由為我們帶來的便利生活，就以美國的普通家庭（意指一般收入的家庭）為例，並總結一下每個家庭成員在這片充滿**機會**且富足的土地上可以獲得的福利吧！

1. 食物

僅次於思想和行為自由，就是**食物**、**衣物**和**住所**這三種基本需求的自由。由於我們擁有的廣泛自由，所以一般美國家庭都能夠不出遠門，就取得世界上任何地方最優質的食物，並且價格經濟實惠。

一個兩口之家，住在紐約市時代廣場區的精華地帶，雖然遠離各種食物的生

產地，但是在仔細計算他們的早餐成本後，有了驚人的發現：

早餐餐點與各項費用（一九三七年物價）：

(1)葡萄柚汁（產地：佛羅里達）	2分錢
(2)營養穀片（產地：堪薩斯的農場）	2分錢
(3)茶（產地：中國）	2分錢
(4)香蕉（產地：南美洲）	2.5分錢
(5)烤土司（產地：堪薩斯的農場）	1分錢
(6)新鮮的鄉村雞蛋（產地：猶他州）	7分錢
(7)糖（產地：古巴或猶他州）	0.5分錢
(8)奶油與鮮奶油（產地：新英格蘭）	3分錢
總計	20分錢

對一個美國兩口之家而言，早餐想要吃到他們所想要的各式**食物**，不僅不太

難，並且每人的花費只需要一角！請注意，這份簡單的早餐，彷彿受到了奇怪的魔法（？）從世界各地而來，有中國、南美洲、猶他州、堪薩斯州和新英格蘭，聚集到了這張早餐的餐桌上，供人食用，並且是在美國最擁擠的城市精華地帶，而且價格就連最基層的勞工都能吃得起。

上述價格還包含聯邦稅、州稅以及城市稅！（這也是許多政客沒有告訴你的事實，儘管他們成天以稅金過高為理由，要求選民不要再把票投給競爭對手，但事實上稅金根本就不高。）

2. 住所

這家人住在一間舒適的公寓裡，有暖氣設備可以保暖，有電燈能夠照明，有瓦斯爐具可以下廚，全部一個月花費只要六十五美元。如果是住在小城市，或者是在紐約人口密度比較低的地方，甚至一個月只要花二十美元即可。

他們早餐所吃的土司，是用一台售價不過幾美元的烤麵包機烤的，而他們的公寓也都有掃地的吸塵器，廚房和浴室隨時都有冷熱水可用，食物冷藏於電冰箱之中。女主人可以用電動捲髮器把自己頭髮燙捲，有洗衣機可以洗衣服，再用電熨斗將衣服熨平，這些家電只需將插頭插進牆上的插座，就可以取用所需的電力了。男主人則可以用電動刮鬍刀刮鬍，在家中只需要轉開收音機，就可以二十四小時收聽來自全世界的娛樂節目，完全免費。

這間公寓還有其他便利的設備，但上述清單能讓我們大致瞭解美國人所享有自由的具體事實。**（這既不是政治宣傳，也非鼓吹美國的經濟。）**

3. 衣著

在美國的任何一個地方，女性要穿得舒適且得宜的話，平均一年的花費不到兩百美元，而一般男性的衣著也差不多，甚至可以更少。

上述只提供了食物、衣服及住所三項基本要素。一般美國人能夠以最基本的勞力，每天工作不超過八小時，就能得到多項其他優勢和利益。這些福祉包含可以自行開車，隨時隨地想去哪就去哪，並且花費低廉。

一般美國人擁有世界上其他國家所沒有的財產權保障。他可以將多餘的錢存入銀行，並得到政府的保障，如果銀行倒閉了，政府也會確保他不會有所損失。

如果一位美國公民想要在美國各州旅行，並不需要申請任何文件，得到某人的批准，就能隨時出發，想去就去，想回來就回來。並且在經濟許可下，他可以搭火車、自駕、搭公車、乘坐飛機或搭船，使用任何交通工具。反觀在德國、俄羅斯、義大利等大多數歐洲以及東方國家，人民是無法這麼自由地旅行，並且花費還這麼低廉。

帶來這些幸福的神奇來源

我們經常能聽到政治家在拉票時宣揚美國的自由，但卻很少聽到他們花時間或投入精力分析這種「自由」的來源或本質。我不帶任何立場，也沒有任何其他動機，所以能夠很客觀坦率地分析這種長久以來被誤解的「**東西**」，其抽象又神祕的來源或本質，每位美國公民就是拜這「東西」之賜，擁有比任何其他國家更多的致富機會以及各式各樣的自由。

我之所以有權向你分析這個**看不見的力量**的來源和本質，是因為二十五年來，我認識許多策劃這個力量的人，也認識目前維護這個力量的人。

眾人的這位神祕恩人就是**資本**！

資本代表的不單單只是金錢，還有具有高度組織、頭腦聰明的一群人，他們透過制定計畫，有效率地運用金錢，為大眾謀取福利，也為自己創造利潤。

這群人包括了科學家、教育家、化學家、發明家、商業分析師、宣傳人員、運輸專家、會計師、律師、醫師，以及在工商業各個領域的高級專業人士。他們努力地嘗試、開拓新的領域，並且協助大學、醫院、公立學校的運作，參與道路修建、報紙出版，以及支付大部分政府運作的花費，更處理所有對人類進步至關重要的眾多細節。簡單來說，資本家就是人類文明的大腦，他們構成了社會的教育、啟蒙以及人類進步的一切。

金錢若沒有聰明的頭腦來使用，將會非常危險。金錢若使用得當，則會是文明最重要的要素。我們前述所提及的早餐，如果背後沒有有組織的資本提供可靠的機器、船隻、鐵路和訓練有素的人員在背後運作，是不可能以**這麼便宜的價格**抵達那戶紐約的家庭。

如果你想要瞭解這種**有組織的資本**的重要性，可以試著想像自己在沒有資本的幫助下，肩負著統籌並提供紐約市的家庭上述早餐的責任，如此可以幫助你對它的重要性有一點瞭解。

為了要喝茶，你必須大老遠游到中國或印度，兩者都離美國很遠。除非你很會游泳，不然早在你回程之前，就已經累癱了。再者，就算你真的有辦法游回來好了，再沒有金錢的情況下，你又有什麼東西可以拿來換取你需要的茶葉呢？

為了要提供糖，你可能又要再大老遠游到古巴，或者走很遠的路到猶他州的甜菜根產區。但儘管如此，你還是有可能空手而回，因為要製糖還需要規劃的心力和資金，更別說後續還要提煉、運送，把糖帶到每一戶紐約市家庭的餐桌上。

至於雞蛋，雖然你只需要去紐約市附近的農場就可以取得，算是相對簡單。但如果你要在餐桌上端上兩杯葡萄柚汁，你仍舊必須走很遠的路到佛羅里達去，然後再回來才有辦法。

那四塊小麥麵包，你也必須大老遠走到堪薩斯州，或其他有產小麥的地方去，才能得到。而營養穀片可能就必須得刪除了，因為沒有適當的人力和機器是不可能取得的，**所有都需要資本**。

你休息一會，可以再游到南美洲摘幾根香蕉，回程時再步行一小段路，到附近的酪農場取得一些奶油和鮮奶油。最後，你的紐約市家人就可以坐下來享用早餐了，然後**你還可以賺得這一切辛勞的報酬，就兩分錢**！

聽起來很荒謬，對吧？但如果想要在紐約市的核心地帶取得這些早餐，那麼上述一切在沒有資本主義體制的幫助下，確實只能這樣。

生活中的資本要素

為了要提供上述的早餐，背後需要鐵路和輪船來運送，建造和維修費用也會超乎你的想像，光是這些運輸工具就將耗資數億美元，更別說後續還需要駕駛及管理這些船隻和火車的專業人員。這還沒完呢！運輸只是資本主義美國發展現代文明其中的一個要素而已，而任何的運輸首先必須先要有東西可運。這些食品要先種植作物、生產製造，隨後才能準備賣到市場，這個過程需要用到的機器設備、包裝、行銷也要大筆資金，以及付給所有過程中數百萬名勞工的薪水。

輪船和鐵路不會憑空從土地冒出，就開始自動運作起來，得靠一群具有**想像力**、**信念**、**熱情**、**果決**、**堅持不懈**的人，透過他們的努力、創造力和組織能力，這些運輸工具才得以問世！這些人就是所謂的資本家。激發他們動機的是渴望透過建造、達成並提供有用的服務，獲取利潤而累積致富。因為他們**提供的服務是文明發展的要素**，所以他們也將自己推向取得巨大財富的道路之上。

為了讓上述這段話更淺顯易懂，請容我補充，這些資本家就是那些對政治充滿抱負的人士時常批評的那些人，也就是那些被激進分子、騙徒、言而無信的政客、以及貪汙的勞工領袖稱為「利益掠奪」或是「華爾街」的那群人。

我在此無意聲援或反對任何團體或經濟體系。當我提到「貪汙的勞工領袖」時，我沒有指責集體協商的意圖，此外，我也沒有要替個別資本家說話的意思。

這本書的目的（**我超過二十五年的心血去完成這個目的**），是向所有渴望知識的人提供最可靠的致富原理，透過這些原理，都能幫助個人累積他想要的財富數字。

我分析了資本體系的經濟優勢，而分析的主要目的有兩個：

1. 所有尋求致富的人都必須能清楚並適應這個經濟體系，因為它控制了一切大大小小的致富之道。
2. 為了揭露政客和煽動家所掩蓋的事實，也就是他們將有組織的資本稱為毒藥的謊言，藉此蒙混他們所提出的議題。

我們身處在一個資本主義國家，並且這個國家是透過使用資本而發展起來的，我們享受著這個資本主義國家所提供的自由與機會，並且在這塊土地上尋求致富，就應該知道要是缺乏**有組織的資本**提供這些好處，那麼這些致富的機會現在都不會存在。

二十多年來，激進分子、自私的政客、騙徒、心術不正的勞工領袖，有時甚至是宗教領袖，都逐漸形成一股批評「**華爾街、貨幣商及大企業**」的風氣。

這種風氣後來變得非常普遍，以至於我們在經濟大蕭條期間目睹了令人難以置信的景象，我們看見高級政府官員與低級政客、勞工領袖為伍，公開宣稱要推翻使美國在工業上成為地球上最富有國家的制度。他們的陣容如此龐大且組織嚴謹，以至於延長了美國有史以來最嚴重的經濟蕭條。它造成數百萬人失去了工作，因為這些工作都與美國工業和資本主義體系的關係密不可分，並且這些體系也是構成這個國家的重要支柱。

在這段不尋常的勾結關係中，心術不良的政府官員與圖謀私利的個人宣稱要「公開」，透過讓美國資本體系受到不公平的待遇，進而謀利，甚至某些特定的勞工領袖更會與政客聯手，透過提供政客選票的方式，讓政客替他們立法，立法的內容旨在讓人得以透過**刻意的多數決方式來奪走企業的財富，並取代過去以工作公平換取合理薪資的方式**。

目前國內仍有數百萬人依舊沉浸在這種「**不勞而獲**」的風氣之中。有些人與工會聯手，要求企業**減少工時並增加薪水**！更有些人甚至已經不工作了。**他們要**

求政府發放救濟金，並且已經獲得了。他們要求自由的想法，在紐約市被用得淋漓盡致，有一群人「救濟金受益者」向郵局抱怨，表示郵局發送政府救濟金支票的時間過早，以致把他們吵醒了。**他們要求**郵局將寄發支票的時間從早上的七點三十分改成十點。

如果你是那群人的其中一人，相信只需組成團體，透過聯合要求**更少工時、更高薪資**就可以積累財富；或者你是那群人的其中一人，**要求**政府在指定時間發放救濟金，不希望一大清早就被打擾；或者你是那群人的其中一人，相信用選票向政客換取法案的通過，就能允許你掠奪公共財產，那麼你大可放心，不用擔心有人會來壞你的好事，因為**這是一個自由的國家**，**每個人都享有思想自由**，每個人都可以白吃白喝，不必工作就能過上好日子。

然而，你需要知道上述**自由**的全部真相。儘管許多人都吹噓著自己享有自由，但卻只有少數人知道它全部的真相，而它的真相就是不論它有多偉大、觸及多廣、給予的權利有多大，**它都沒辦法讓你不勞而獲，進而致富**。

唯有透過提供有用的服務，你才能夠累積財富並且致富，這是唯一可靠的辦法。從來都沒有一種體系可以讓人們僅透過多數的力量，或不提供任何形式的服務，就得到相應的價值，可以合法地獲得財富。

別忘了這世上存在著**經濟學**的法則！它不僅只是一個理論，並且是任何人都無法打破的法則。

請好好記住這個原則的名字，因為它遠比所有政客和政治機器都還要強大。它遠在所有的勞工團體之上，無法被任何騙子或自詡為領導者的人所左右或賄賂。此外，**它擁有全知的視野，能夠時時刻刻完整地記錄**，所有人每個不勞而獲的大小行為都會被記下來，早晚會給這些人應得的報應。

「華爾街、大企業、資本利益掠奪」，無論你用什麼名字來稱呼這個體系，它都給了我們**美國的自由**，並且代表著有一群人理解、尊重且能適應這個強大的**經濟學法則**！他們出於對這個法則的尊敬，是他們維持財富的方法。

大部分美國人都熱愛他們的國家、它的資本體系以及一切。我必須坦白地說，就我所知，沒有任何國家能比美國提供更多的致富機會。但是從某些人的言行舉止，我看得出來有些人不喜歡這個國家。那倒也沒關係，畢竟這也是他們在這個國家中所享有的特權。要是他們不喜歡這個國家、它的資本體系以及它所提供的無窮機會，**那麼他們也有離開的特權**！畢竟這世上還有其他國家，像是德國、俄羅斯及義大利，可以讓他們去試試看爭取自己想要的自由，取得他們想要的財富，只要他們不太挑的話，應該就可以。

美國提供了所有老實人一切自由和機會來幫助他們致富。就好比打獵時，總要挑充滿獵物的地方；想要致富的話，也應該是同個道理。

如果你想致富，那麼可別忽略了美國，因為它有很多有錢的女性公民，每年都會花兩百多萬美元買口紅、腮紅及化妝品。在你確定要毀掉這個國家的資本體系之前，請你再三考慮一下，因為這個國家的人民可是每年都會花上五千萬美元買**謝卡**來感謝他們所擁有的**自由**。

如果你想致富，也請你再好好考慮美國，因為這個國家的人每年花在香菸的錢高達幾億美元，而這些收入目前只流向四家主要的菸草供應商而已，提供給「冷漠」及「沉默神經」的建國者。

再考慮一下，因為這個國家的人可是每年都花上一千五百萬美元看電影，還花了幾百萬美元買酒、毒品及其他的軟性飲料或香檳。

別太快就決定要離開這個國家，因為這個國家的人可是每年都非常願意花上好幾百萬來看足球、棒球及職業拳擊賽。

並且不管怎樣，請好好地待在這個國家，因為這個國家的人「堅持」每年都各花掉超過一百萬美元，用來買口香糖和安全的刮鬍刀片。

請記得，上述所提及的不過是所有致富途徑的一角，因為我們僅僅提到了一些奢侈品和非生活必需品而已。但是，記住在這些東西的背後，也有**幾百萬人**在為這些商品進行製造、包裝、運輸及行銷，並且他們**每個月都會得到數百萬元**的薪資，再把這些薪資拿來買奢侈品和非生活必需品。

特別記得這點，這些商品的買賣與服務的交換，背後都是滿滿的致富機會。而在此時，我們偉大的**美國自由**就派上用場了。這裡沒有人能夠阻止你去發展任何想要發展的事業。如果一個人擁有超群的天賦、訓練與經驗，那麼他可能會積累大量財富，而那些沒那麼幸運的人則可能會積累比較少的財富。但不管是誰，在這裡至少都可以透過極少量的勞動維生。

所以，你明白了吧！

機會已在你面前列出商品了。請勇敢向前，選擇你想要的，創造你的計畫，將計畫付諸行動，並**堅持下去**，而剩下的就交給偉大的「資本主義的」美國。你可以深深地依靠它——資本主義的美國會確保每個人都有提供有用服務的機會，也能根據所提供的服務價值來累積財富。

這個「體系」會給予所有人上述的同等權利，但是它不會、也無法提供人**不勞而獲**，因為這個體系本身也受控於**經濟學法則**，而經濟學法則並不會允許及容忍**只取得但不付出**。

經濟學法則是自然的結果！沒有最高法院可供違反這個法則的人上訴。這個法則會給予違反它的人懲罰，並給予遵守它的人適當的獎勵。**也沒有任何人類有干涉它的可能性**。這個法則也無法打破，它堅固地就好像掛在天空中的星辰那樣，受控於宇宙的系統，並且也是宇宙的組成部分。

有人可以拒絕接受**經濟學法則**嗎？

當然可以！因為我們的美國是個自由的國家，任何人都享有同等的權利，這當中當然也包含了忽視**經濟學法則**的權利，但是會怎麼樣呢？

其實不會怎樣，但是等到一大堆人都忽視經濟學法則，並且成群結隊地想要強取豪奪、不勞而獲時，**到時獨裁政府就會出現，並且用訓練有素的軍隊和機關槍鎮壓**！

此刻美國還沒有達到那樣的階段！但想必我們對這個體系的運作方式已有充分的瞭解。如果我們夠幸運的話，或許也不用面對或瞭解這麼可怕的現實。相反地，我們應該更努力去享受能擁有**言語或行爲的自由**，以及透過**提供有用的服務來致富的自由**。

而那種不良政府官員與部分人民勾結，有時候在選舉中以允許人民掠奪公有財產來換取選票的行為，我只能說報應早晚會來，並且需以複利計算來加倍奉還！報應要是沒來的話，不是不報，只是時候未到，它只會在未來的時候降臨在你的子子孫孫身上，「不是第三代，就是第四代」，想逃也逃不了。

人類有時候確實會團結起來，要求提高薪資並且減少工時。但是凡事總有限度，要是他們超過了那個限度，那麼**經濟學法則**就會介入，並且給予雇主和員工狠狠的懲罰。

從一九二九年到一九三五年經濟大蕭條的六年以來，所有人不分貴賤，幾乎都沒錯過親眼目睹「經濟學老人」狠狠地懲罰所有的企業、工業及銀行，畫面慘不忍睹！也沒有讓我們更尊重群眾心理學，允許人們能夠不理性地不**勞**而**獲**。

經歷過那可怕六年歲月的我們，忘不了那個**被恐懼籠罩且對人生無望**的時刻，也忘不了**經濟學法則**，它是多麼地公平且殘酷，不分貧富貴賤、男女老少，一併懲罰的經驗。但願我們不用再經歷這樣的過去。

上述所言並非一時半刻就歸納而得，而是經過了二十五年，針對美國最成功和最不成功的人士，在對他們所使用的方法仔細研究過之後所得到的結果。

第 8 章

決心

{成功致富法則之七}

不讓拖延變成絆腳石

一項針對超過兩萬五千名曾遭遇失敗的男女的精確分析，發現在三十個主要的**失敗**原因排行榜中，**缺乏決心**幾乎接近榜首。這並不是什麼理論的陳述，而是鐵一般的**事實**。

拖延是**決心**的相反，實際上，是每個人都必須打敗的常見敵人。

讀完這本書後，你將有一個機會測試自己達到**迅速及明確下定決心**的能力，並且做好準備，將書中說明的法則付諸實際**行動**。

對數百位累積超過百萬美元可觀財富的人士進行分析後，揭露了一個事實：他們**每個人都有迅速下定決心**的習慣，如果有需要改變這些決定，則是**慢慢地**改變。無法累積財富的人，**無一例外**，都有一個共同點：他們**所有人做決定很慢**，**好不容易做出決定卻又經常想改變，而且改變得很快**。

亨利．福特具備的一個最突出的特質就是迅速且明確地下定決心，如果需要改變就慢慢改變的習慣。這個特質在福特身上是如此顯著，帶給他頑強不屈的名聲。當他所有的顧問以及許多買主都力勸他改變其著名的「T型車」設計時，這個特質激勵他繼續製造他的T型車（一輛全世界最醜的車子）。

也許，福特先生在進行改變這點拖延了太久，但這個故事的另一面告訴我們，在T型車設計的確**需要**改變之前，福特先生堅定的決心讓他得到了巨大的財富。無庸置疑地，福特先生明確決斷的習慣也許帶有頑固的成分，但這個特質要比很慢做出決定、但改變很快，更可取一些。

做決定的訣竅

大部分沒辦法累積所需財富的人，通常都很容易受到其他人的「意見」影響。他們不經「思考」就相信報紙和「八卦」。「意見」是世界上最廉價的東西。每個人都有一堆意見想要找到任何一個願意接受的人。如果你在下定**決心**時受到他人「意見」的影響，那是成不了任何事的，更別說要把**你的渴望**轉化為財富。

如果你被其他人的意見影響，那你就會失去你自己的**渴望**。

當你開始練習這裡所說的法則，請忠於你自己的計畫，**做出你自己的決定**，然後遵循它們。**除非**是有助你完成的「智囊團」的成員，否則別把任何人加入你的信心之中。再者，要非常小心地選擇智囊團的成員，**唯有能夠和你的目標完全共感**、**和諧一致**的人，才能成為你「智囊團」的一員。

親近的朋友和親戚並不一定符合這樣的條件，他們反而通常會提供各種「意見」形成阻礙，因為當中某些本意幽默的意見可能會變成嘲笑。數以千計的男男女女終其一生都帶著自己複雜的自卑感，因為某些生活優渥但無知之人的「意見」或嘲笑，摧毀了他們的自信心。

你擁有自己的大腦和心智，**運用它**來下定自己的決心。如果你需要來自其他人的事例或資訊，設想自己在這些情況下會如何行事來幫助你下定決心，那麼就不動聲色地取得那些事例和資訊，但不要揭露你的目的。

人類有個特徵或說缺點，就是那些對事物一知半解或虛有其表的人，總是想要給人自己博學多聞的印象。這類人通常都說得**太多**而聽得**太少**。如果想要培養迅速下定**決心**的習慣，那就要讓你的眼睛和耳朵保持完全**開放**，但請**閉上**你的嘴巴。那些喋喋不休的人通常很少實際行動。如果你張口多於傾聽，你將會剝奪自己累積有用知識的許多機會，並且將自己的**目標**揭露給想要打擊你、看你笑話的人，因為他們嫉妒你。

也要記住，每當你在一個擁有豐富知識的人面前說話時，你就是在向他展現你擁有的知識，或是你根本**缺乏**知識！真正的智慧通常是藉由**謙遜和沉默**而顯現。

不要忘記，每個人都跟你一樣想尋找累積財富的機會。如果你太輕率地談論自己的計畫，你會驚訝地發現某些人已經**快你一步**、**捷足先登**了，而他用的計畫就是你輕率談論時所洩漏的。

就讓**多聽**、**多看**、**少說話**，成為你第一個下定的決心。

為了提醒自己遵循這個忠告，把它放大然後印出來，當成警語，放在你每天都可以看到的地方，這會有助於你時時刻刻將它牢記在心。

「要告訴全世界你的意圖是什麼，待先做出來再說。」

上面這句話等同於：「口說無憑，行動重於一切。」

不自由毋寧死的決定

決心的價值，取決於執行它們所需要的勇氣。建構文明基礎的偉大決心，都是在假設會遭遇龐大風險的情況下所做的，而這龐大的風險通常指的就是死亡的可能性。

當林肯決定發表著名的《解放奴隸宣言》，賦予美國的有色人種自由，他充分理解這個決定將會招致數千位朋友與政治支持者的反對，但他仍然決定執行。他也知道，發表這個宣言將會導致數千人的生命消逝在戰場上。最終，林肯也犧牲了自己的性命。所以，下定這樣的決心需要多大的勇氣！

蘇格拉底選擇喝下毒藥，也不願意和自己的信念妥協，這也是一個充滿勇氣的決定。這是超前時代一千年的事蹟，賦予了尚未誕生的無數人思想和言論自由。

羅伯特．愛德華．李將軍選擇和聯邦政府分道揚鑣，承擔起南方的使命，這也是一個需要勇氣的決定，因為他瞭解自己可能會因此失去性命，當然還有其他人的性命。

然而，有史以來，和所有美國公民關係最重大、也最偉大的決定，是一七七六年七月四日在費城所做出的，有五十六個人在一份確信將會為所有美國人帶來自由的文件上簽下他們的名字。同時他們也明白，這個決定**可能會將五十六個人都推上絞刑台！**

你早已聽過這份著名的文件，但可能還未曾從這個偉大的經驗教訓裡學到它也可以用在個人成就上。

我們都記得這個重大決定的簽署日期，但很少人瞭解做出這個決定需要多大的勇氣。我們記得我們學到的歷史，記得那個日期，也記得挺身抗爭的英雄名字。我們記得福吉谷和約克鎮，我們記得喬治．華盛頓和康沃利斯侯爵。但我們對這些名字、日期及地點背後真正的**力量**卻瞭解得很少。我們對那**早在華盛頓的軍隊抵達約克鎮前**，就已經確保我們自由的無形**力量**知道得還太少。

我們閱讀了美國獨立革命的歷史，認為喬治．華盛頓是我們的國父，是他為我們贏得自由；但事實上華盛頓只是整起事件的附屬品，因為早在康沃利斯侯爵投降之前，華盛頓的軍隊就已經注定會贏得勝利。這並不是要剝奪任何華盛頓應得的榮譽，而是應該把更大的注意力放在真正為他帶來勝利，那背後令人震驚的**力量**。

歷史作家完全遺漏了那股無法抵抗的**力量**，沒能把它記錄下來，所以我們連一點點能夠參考的文件都沒有。這實在是一場悲劇，因為那股**力量**賦予我們國家的誕生和自由，注定要為全世界所有人類立下獨立的新典範。我之所以說歷史未能對此留下紀錄是一場悲劇，是因為那是我們每個人每天都必須運用的**力量**，能夠用來克服人生中遭遇的困難，並要求人生回報以相應的代價。

就讓我們扼要地來回顧讓這股**力量**誕生的由來。故事始於一七七〇年三月五日，發生在波士頓的一起事件。當時英國士兵正在街上巡邏，藉由他們的出現公然對市民進行威嚇。殖民地居民對其中的武裝士兵感到不滿，於是開始公然地表達他們的憤慨。他們朝這些士兵猛砸石頭，直到英軍的指揮官下令：「上刺刀……進攻！」

戰鬥於是展開，結果造成許多人傷亡。這起事件激起民眾的龐大憤慨，因此地方議會（由傑出的殖民者組成）以採取明確行動為目的召開了一場會議。兩位地方議會的成員約翰．漢考克與山謬．亞當斯是其中兩名與會人士——**他們的名字將恆久流傳！**他們大聲勇敢地說出自己的想法，表示必須採取行動，將所有英國士兵都逐出波士頓。

這裡請特別記得，存在這兩人心中的一個**決心**，可以說是今天美國每個人所享有自由的一切開端。再來也別忘記，這兩個男人要下定這樣的**決心**需要多大的**信念**與**勇氣**，因為這個決心非常危險。

而在地方議會結束之前，山謬．亞當斯被指派為代表，向當地總督哈欽森提出撤回英國軍隊的要求。

這個要求得到同意，英軍調離波士頓，但事情還沒結束，因為這件事已經注定為文明的進一步開化帶來全面的變革。說奇怪其實也並不奇怪，像是美國獨立革命和世界大戰這類巨大的改變，通常都始於一起看似無足輕重的事件？這說來也很有意思，從觀察這些重大變化發現，它們通常都是相對少數人心中下定**明確的決心**開始，進而掀起後續的巨大波瀾。很少人對我們國家的歷史有足夠的認識，知道約翰．漢考克、山謬．亞當斯，還有來自維吉尼亞州的理察．亨利．李，他們才是我們國家真正的國父。

理察．亨利．李也是這個故事重要的一角，因為他和山謬．亞當斯有頻繁的通信，分享彼此對地方居民福利的憂慮和期盼。從他們的信件往來中，亞當斯漸漸有了想法，認為可以讓十三個殖民區利用書信來溝通，也許有助於解決彼此所共同面臨的問題，帶來迫切需要的協調合作力量。在波士頓衝突事件的兩年後（一七七二年三月），亞當斯在地方議會提出了這個想法，在殖民地之間設立通信委員會，並且明確地在每個殖民區指派負責人，「目的是促進改善英屬美洲殖民地的友好合作」。

請好好記住這個事件！因為這是注定賦予你我每個人自由的那股影響廣泛而深遠的**力量**開端。**智囊團**已經被組成了，它是由亞當斯、李還有漢考克所組成的。「我又實在告訴你們，若是你們中間有兩個人在地上同心合意地求甚麼事，我在天上的父必為他們成全。」（《馬太福音》18：19–20）

通信委員會於是成立了。觀察這個運動可以發現，透過加入來自所有殖民區的有志之士，為眾人**智囊團**又增加了力量。請注意，這個過程為不滿的殖民地居民們第一次建構出**有組織的計畫**。

團結就是力量！藉由和波士頓類似的衝突事件，殖民地居民已經跟英國士兵展開無組織的戰鬥，然而卻沒有帶來任何好處。因為他們各自的不滿，並沒有被團結在一個**智囊團**之下。沒有任何個人將其心智還有靈魂與肉體團結在一個明確的**決心**之下，徹底解決他們對抗英國時所面臨的困難，直到亞當斯、李、漢考克三個人開始合作。

而同時間，英國方面也沒有閒著。他們同樣也在進行自身的某些**計畫**和「**智囊團**」，而且背後還擁有充沛資金以及有組織、有紀律的軍隊作為支持的優勢。

英國國王指派蓋奇，取代哈金森，成為麻薩諸薩總督。這位新總督首次的行動之一，是向山謬．亞當斯發出訊息，想迫使他因為**恐懼**而停止反抗。

透過以下引述芬頓上校（蓋奇派去的信差）和亞當斯之間的對話，我們可以很清楚地瞭解發生了什麼事情。

芬頓上校：「我已經得到蓋奇總督的授權，向亞當斯先生您保證，總督已經准許授予您將會感到滿意的好處（試圖以賄賂收買亞當斯），只要您停止眼下正在對政府進行的抗爭行為。這是來自總督的忠告，請閣下您不要再進一步地引發他的不快。您的行為已經讓自己陷入可能遭至高無上的亨利八世頒行的法律懲罰的境地，將可以被送到英國以叛國罪處置，或是在總督斟酌下直接處以叛國罪。

但只要**改變您的政治路線**，不僅能讓您個人獲得龐大的利益，也可以讓您與國王和睦相處。」

山謬・亞當斯有兩個**決定**可以選擇，他可以停止抗爭，然後接受這對他個人的哄騙賄賂，或者他可以**繼續下去，但冒著被處以絞刑的風險**。

很顯然地，亞當斯被迫**迅速下定決心**的時刻到了，一個可能會讓他付出生命代價的決定。大多數人可能會做出退縮逃避的反應，但這不是亞當斯會做的！他堅持將自己不會退讓的立場告訴芬頓上校，要他代為轉達給總督。

亞當斯的回覆是：「那麼可以請您轉告蓋奇總督，我已經和上帝立誓，沒有任何個人因素能夠讓我放棄，這為了我的國家的正義之舉。**請轉告蓋奇總督，這是山謬・亞當斯的忠告**，不要再侮辱已經被激怒的人民情感。」

從這一點來看，對亞當斯的人格已經不需要再多做任何評論了。很顯然地，看到如此令人震撼的訊息，所有人都會瞭解發出此訊息的人對他的信念懷抱著最高位階的忠誠。**這一點非常重要**（敲詐勒索的人以及不誠實的政客，在亞當斯過世後破壞了這樣的榮譽）。

當蓋奇總督收到亞當斯如此尖銳的回覆後，一股盛怒被激起，於是他發布了如後的宣示：「本人在此，以國王陛下之名，願提供並承諾施以最寬容的赦免，只要所有人都毫不猶豫地立即放下武器停止抗爭，平和地回到其平民百姓的日常職務上，**除了山謬．亞當斯與約翰．漢考克**兩人無法獲得這樣的恩惠，他們的過錯行為之本質已過於凶惡，因此不再需要任何其他考量，唯有施予其應得之懲罰一途。」

首當其衝面對這股壓力的亞當斯與漢考克兩人，陷入了艱難的處境。來自發怒總督的威脅，迫使這兩個人做出了另一個也同樣危險的決定。他們與其最堅定的支持者迅速地召開了一場祕密會議（就在此時，**智囊團**開始產生了推動力）。會議召開完畢之後，亞當斯把門鎖上，將鑰匙放進口袋，然後對在場所有人下達一道命令，必須成立殖民區議會，而且**沒有人可以離開這個房間，直到做出成立議會的決定**。

於是，一股激昂又不安的氣氛開始蔓延。有些人開始權衡如此激進的主張可能帶來什麼後果（老人的憂慮）。有些人對如此要和英國王室對抗的**明確決定**是否不智表示強烈的質疑。然而，同樣被鎖在這個房間裡，有**兩人**卻毫無畏懼且抱著誓死必成的決心，這兩個人就是漢考克與亞當斯。受到兩人堅強意志的感召，所有人都開始支持他們。透過通信委員會的安排，第一次大陸會議在一七七四年九月五日於費城召開。

請記住這一天，因為它比一七七六年七月四日還要重要。如果沒有這個舉辦大陸會議的**決定**，那可能就不會有《獨立宣言》的簽署。

在新議會第一次召開之前，另一地區的領導者正為發表《英屬美洲權利概論》而艱苦奮鬥，他就是維吉尼亞省的湯瑪斯．傑佛遜。他和鄧摩爾勳爵（維吉尼亞州的英國王室代表）之間的關係，就如同漢考克跟亞當斯與蓋奇總督一樣緊張。

在這著名的《英屬美洲權利概論》發表後，傑佛遜被告知因為對抗英國王室的行為，將會被處以最高叛國罪。傑佛遜的同僚派屈克．亨利被這個威脅激發，勇敢大膽地說出了後面這句永久流傳的經典名言，**「如果這是叛亂，那我們就讓叛亂到底吧。」**

就是這些沒有權力、沒有軍事力量、也沒有金錢奧援的非當權者，為殖民地命運嚴正的思慮，開啟了第一次大陸會議的序幕，一直到兩年後的一七七六年六月七日理察．亨利．李出現，向主席以及受到驚嚇的出席者提出以下動議：

「各位先生，我要提出一項動議，聯合殖民區有權成為一個享有自由及具有獨立地位的國家，所有對英國王室的效忠規定都應該免除，與大英帝國的政治連結也應該完全終止。」

李這個驚人的動議受到熱烈的討論，然而冗長的討論讓他開始失去耐性。最終，經過數日的爭論，他再次起身發言，以清楚堅定的語氣做出如下的宣示：

「主席先生，我們已經就這個動議討論了數日。這是我們唯一必須採納的方案，為什麼我們如此拖延？為什麼我們仍然這麼顧慮？我們何不就讓這快樂的一天成為美利堅共和國的誕生日。就讓其頂天立地，這並不是要進行任何毀壞還是占領，而是要重建和平及法治。歐洲的目光現在都集中在我們身上。他們需要我們提供一個活生生的自由典範，可以在日益增加的專制暴政下，顯現人民擁有自由的幸福對比。」

在李提出的動議進行最終投票表決之前，他因家人重病必須回維吉尼亞一趟，在離開之前，他把這個使命交到他的戰友湯瑪斯・傑佛遜的手上。傑佛遜承諾會持續奮鬥，直到動議順利通過。

隨後不久，大會主席漢考克便指派傑佛遜擔任委員會主席，開始著手草擬《獨立宣言》。

委員會付出長時間的努力進行這份文件的擬定，這表示當這份文件被議會通過後，假設殖民地在對抗大英帝國的這場戰爭失敗，**每一個在上面留下簽名的人都會被處死**，這是一旦抗爭失敗必然的後果。

這份文件完成擬定後，在交付議會之前，於六月二十八日進行了原始草案的宣讀，經過數日討論與修改使其完備。到了一七七六年七月四日，傑佛遜在議會上站在眾人之前，毫無畏懼地將這份史上寫在紙上最重大的**決定**宣讀出來。

「在人類的歷史進程上，當某個具有使命性的活動，需要一個民族去解除和另一個民族的政治連結，並且按照自然法則和上帝的定律，以獨立平等的地位立足於世界各國之間時，出於對人類意志的崇高尊重，他們必須將驅使其獨立的原因予以宣告……」

當傑佛遜完成文件宣讀，接著議會進行投票表決並獲得通過之後，五十六個以自身性命作為賭注的人，在這份文件上簽下了自己的名字。由於這個**決定**，誕生了一個國家，美國注定為人類帶來永恆的**決定**權利。

唯有透過與此相似精神的信念所做出的**決定**，人們才得以解決其遭遇的難題，並為其贏得高度的物質與精神財富。我們必須牢記這一點！

分析引領《獨立宣言》誕生的事件，你會深信今天這個擁有領導地位、讓全世界敬重的強大國家，是由一個五十六人組成的**智囊團**所做的一個**決定**。他們的**決定**確保了華盛頓軍隊的勝利，因為跟隨華盛頓戰鬥的每一位士兵內心都擁有和這個決定相同的**精神**，並且在這樣的精神力量感召之下擁有**永不認輸**的決心。

同時也請注意，給予這個國家自由的力量，和每個想成為能夠自主做出決定的人所必備的**力量**完全相同。這個**力量**就是由本書所說明的法則所構成。從《獨立宣言》的故事中不難察覺，成功至少具備六個要素：**渴望**、**決心**、**信念**、**毅力**、**智囊團**，以及**有組織的計畫**。

貫穿這個原理將不斷闡述的是：以強烈**渴望**支持的意念，具有能將其轉化為相應的物質實體的傾向。在繼續我們的探索之前，我想把這樣的啟發留給正在閱讀這本書的每個人，也許有一天你也會在《獨立宣言》和美國鋼鐵公司的故事裡找到相同的啟發，它們是意念能夠產生驚人轉化的完美範例。

在探究這個祕密的過程中請不要尋找奇蹟，因為你是找不到的。你將會發現的只有永恆的自然法則。每個擁有**信念**與**勇氣**的人，這些法則都能夠為其所用。它們能為一個國家帶來自由，也可以用來累積財富。而且它們不收費，請保留所需的時間來瞭解並適當地運用它們。

那些能夠迅速且明確地下定**決心**，知道自己想要的是什麼的人，通常都能達到目標。各個領域的領導者都能夠迅速且堅決地下定**決心**，這是為什麼他們可以成為領導者。這個世界永遠有空間，為那些言行展現出自己方向的人，留著一席之地。

遲疑不決的習慣通常是從年輕時就開始養成。這個習慣會從小學、中學，甚至是在大學，永久地附著在年輕人身上，造成他們沒有**明確的目標**。所有教育體系最主要的缺點，就在既不教導、也不鼓勵學生養成下定**明確決心**的習慣。

假設大學院校在招生時，學生都必須明確表示入學主要的目標後，才予以錄取，那將對我們的教育體系大大有益。如果每個入學的小學生，都必須強制訓練**下定明確決心的習慣**，而且在升級前必須通過測驗，表現滿意才能升級，那會更為理想。

遲疑不決的習慣是由於我們學校教育體系的不足而養成的，而且會一直跟隨學生到他們畢業後選擇的工作（如果工作事實上是由他們選擇的……）。一般而言，一個剛從學校畢業的年輕人，會尋找所有他可以找到的工作，然後選擇自己第一個錄取的工作，因為他已經陷在**遲疑不決**的習慣中。今天的社會，一百人中有九十八個人都是為了薪水而工作，他們只能緊緊地抓住手中的位子不放，這是因為他們不具備**下決心的果斷力**，**無法用計畫去取得一份明確的職位**，而且他們也缺乏如何選擇雇主所需的學問。

下定明確的決心始終都需要勇氣，而且有時需要的是非常偉大的勇氣。在《獨立宣言》簽下自己名字的五十六個人，要將他們的名字留在這份文件上，是以自己的生命為賭注而做出的**決定**。然而，能夠**下定明確決心**的人會獲得獨有的職責，願意讓人生對他的要求付出代價，而不是以性命為賭注。他賭的是**經濟自由**。財富獨立、富有、從事自己渴望的事業和職務，是不會降臨到一個忽視或拒絕**期待**、**計畫**和**要求**這些事物的人身上。渴望財富的人和渴望為殖民區帶來自由的山謬．亞當斯，兩者擁有相同的精神，所以他必定能夠致富。

在第七章〈有組織的計畫〉中，你可以看到行銷任何類型的個人服務的完整說明，你也可以看到如何選擇自己偏好的雇主，還有你想要的特定工作的詳細資訊。但這些說明對你毫無價值，**除非你明確地決定**將它們加以組織，轉化為能夠據以行動的計畫。

第 9 章

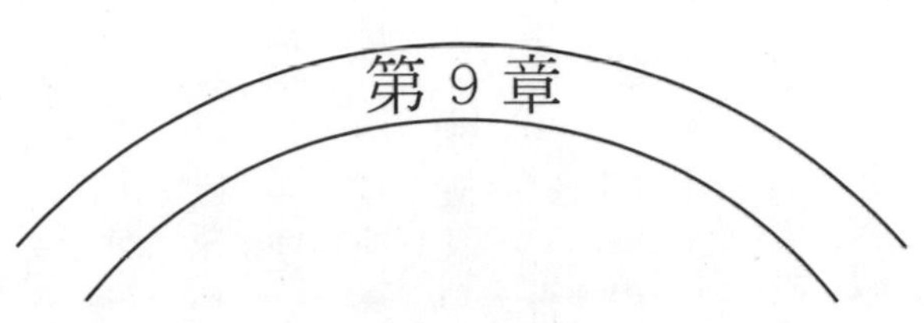

毅力

{成功致富法則之八}

堅持不懈可以激發信心

毅力乃是將**渴望**轉化為相應財富的過程中不可或缺的要素。毅力的基礎是**意志力**。

意志力與渴望兩者結合起來，是一股無堅不摧的力量。成功致富的人常常被評為冷酷，有時甚至是無情。但事實上，這是對他們的一種誤解。他們並非冷酷無情，而是意志力堅強，再輔以支撐渴望的毅力，以便能**確保**達成目標。

亨利・福特就常被批評冷酷無情，但這其實是種誤解。他只是習慣把訂下的計畫貫徹始終。這種作風所展現的便是**毅力**。

大多數人只要運氣不好或一遇到反對意見，往往就輕易地放棄原本的目標。只有少數人能**擱置**反對意見、勇往直前，直到達成目的為止。福特、卡內基、洛克斐勒、愛迪生就是這種人。

「毅力」一詞或許並沒有什麼英雄式的含義，但毅力之於品行，就如同碳之於鋼，碳能使鋼鐵遇強不折，毅力則令人遇挫不屈。

財富的累積通常需要將本書的十三條成功致富法則全數用上。這些法則不但需要理解，更需要有**毅力**的行動加以實踐。

考驗你的毅力

如果你願意試著運用這本書傳達的知識，那麼應該會在嘗試第二章提到的六個步驟時，遭遇**毅力**的挑戰。通常一百個人中只會有兩個人，已經有**明確目標**與實現的**具體計畫**。如果你不是這種人，就算讀過那六個步驟，也很容易看過即忘，日復一日，繼續過著一成不變的生活。

提起這點是希望能適時地督促你，因為無法堅持是失敗的主因之一。此外，從數千人的經驗也讓我知道，難以堅持是大多數人共同的弱點。這個弱點可以透過努力來克服。克服缺乏毅力的弱點，**全然**取決於**一個人的渴望強度**。

渴望是所有成就的起點。這點要永遠謹記於心。薄弱的渴望就會帶來薄弱的成果，就像是火生得太小，熱度當然就不可能多高。如果你認為自己缺乏毅力，這個弱點可以用強化內心的渴望之火加以克服。

請繼續往下讀完，然後回到第二章〈渴望〉，**立刻**開始按照指引來執行那六個步驟。你遵循指引的態度有多積極，可以反映出累積財富的**渴望**有多強烈。如果你發現自己做起來意興闌珊，就代表你還沒培養出致富不可或缺的「金錢意識」。

準備好要「吸引」財富的人們，財富就會像河水自然被引入海洋一樣。這本書提供了各式各樣的方式，能幫助你「調整」心智的頻率，與渴望的目標共振。

如果你發現自己缺乏**毅力**，請多研究第十章〈智囊團的力量〉的指引；盡量讓自己置身於「**智囊團**」之中，透過成員合作的團體力量來培養毅力。你可以在第四章〈自我暗示〉與第十二章〈潛意識〉中，找到強化毅力的額外技巧。遵照這幾章的指示去做，直到習慣成自然，將你渴望的目標清楚傳到潛意識。到那個時候，你就不會再為缺乏毅力所苦了。

你的潛意識時時刻刻都在運作，無論睡著還是清醒的時候都是如此。

你是金錢意識還是貧窮意識？

這些原則要時時努力應用，偶爾才練習一下是沒有用的。要想看到**成果**，就必須善用所有原則，直到成為你固定的習慣。這是建立「金錢意識」的不二法門。

貧窮的心境會吸引貧窮，**富有**的心境就會吸引財富，都是依據相同的法則。

貧窮意識會自動抓住沒有金錢意識的心智。貧窮意識不需要透過**意識**養成的習慣，就會自動發展出來；但金錢意識則必須要刻意創造才能產生，很少人生來就有這種能力。

掌握前面這段話的意義，你就會明白**毅力**對累積財富有多麼重要。缺乏**毅力**，那麼還沒開始你就已經失敗了。有**毅力**，就一定能成功。

如果你曾有睡眠癱瘓的經驗，就能體會毅力的重要性。你躺在床上，半夢半醒，感覺自己似乎就快要窒息。想翻個身卻做不到，一根手指都動不了。你知道**必須開始**重新取得肌肉與身體的控制權。你發揮意志力，不斷地努力，終於一隻手的手指能動了！繼續活動手指，把肌肉的控制力持續往外延伸到手臂，然後手也舉起來了。再用同樣的方式，另一隻手臂也開始活動自如。然後開始能控制一條腿，然後是另一條。**接著**，**你用上全副意志力**，奮力一搏，全身肌肉終於又重回控制，夢魘在那一瞬間「掙脫」了。整個過程循序漸進，一步接著一步。

迅速擺脫怠惰心理

「掙脫」心智上的惰性，也需要這樣漸進的過程，一開始先慢慢移動，然後再開始加快速度，直到你能完全自如地控制自己的意志力。無論你一開始移動有多緩慢，都要**堅持下去**，繼續動作。**只要肯堅持，最後一定會成功**。

如果你的「智囊團」有細心揀選過，那麼至少能找到一個人幫助你一起鍛鍊**毅力**。成功累積財富的人，有些是**必然**的結果。他們之所以能培養出**毅力**的習慣，是受到環境的驅策，**不得不堅持下去**。

毅力是無可取代的特質！牢記這點，能幫助你在剛開始的時候，即使看似進展甚微，卻依然能保持奮進。

一個人培養出毅力的**習慣**，注定不會失敗。無論遭遇多少次挫折，他們都能重新站起，繼續攀上高峰。有時候，冥冥中似乎有位隱形的「指導者」，負責用各式各樣的挫折對我們施加考驗。遭遇挫折後能重整旗鼓、嘗試繼續走下去的人，最後都會到達目的地，迎來世界的喝采：「太棒了！我知道你一定辦得到！」這位隱形的「指導者」對大家都一視同仁，任何人都得通過**毅力的考驗**才能獲得成功。承受不了考驗的人，就只能敗下陣來。

「禁得起」考驗的人，會因為**毅力**獲得豐厚的酬賞，得到追求的目標。不僅如此，他們還得到比物質獎勵更重要的報酬，明白了一個道理：「**每一次失敗，都會同時帶來一顆等值益處的種子。**」

超越失敗

這原則有些例外；只有少數人能從經驗中明白毅力的重要性。他們知道，失敗只是一時的，**渴望**與**運用毅力**能把失敗轉化成勝利。我們這些人生的旁觀者，常常看到有太多人在遭遇失敗之後，就從此一蹶不振，只看到少數人能把失敗化作**動力**，**加把勁投入更多努力**。很幸運地，這些人從不接受人生的逆境。**我們看不到**，但多數人卻不曾質疑有一股無聲但不可抗拒的**力量**，這股力量對不屈不撓、奮鬥不懈的人，尤其能幫上一把。談到這股力量，我們除了稱之為**毅力**之外，沒有更好的說法。我們都知道一件事：如果一個人不具備**毅力**，那麼他在任何行業中都不會獲得成功。

書寫這幾行字時，我坐在書桌前，抬起頭來放眼望去，一條街之外就是偉大而神祕的紐約「百老匯」，這裡是「希望幻滅的墓園」，也是「機會的前哨」。全世界心懷夢想的人從四面八方來到這裡，追求名氣、財富、權力與愛情，或世人認可的成功。這些追夢人之中偶爾會有人脫穎而出，在百老匯揚名立萬。但百老匯可不是易與之輩，不會輕易認可任何人，或給予金錢獎賞。只有經歷了層層考驗、依然拒絕放棄的人，才有可能在這裡占有一席之地。

至此，我們才知道他已經發現征服百老匯的祕密了。這祕密就與**毅力**一詞息息相關！

小說家范妮·赫斯特在百老匯的奮鬥故事，便說明了這個祕密。她的**毅力**征服了這條燦爛之道。一九一五年，她來到紐約，期待能靠寫作才能致富。這份期望雖然來得不快，但**最終還是得來了**。長達四年的時間，赫斯特一直親身經歷「紐約的人行道」，載浮載沉，沒什麼進展。她白天汲汲營營地奔波工作，晚上繼續懷抱**期待**。當前途看起來縱然黯淡，她也不曾對自己說：「好吧，百老匯，是你贏了！」而是告訴自己：「好吧，百老匯，你可以打倒某些人，但打倒不了我。總有一天，我會讓你對我屈服。」

她不斷投稿，曾經被一家報社（《星期六晚郵報》）發了三十六封退稿通知，才終於「破冰」成功，發表了一篇故事。一般作者或任何其他行業的「普通人」收到第一次拒絕時，恐怕就已經放棄了。但赫斯特叩門四年，也吃了閉門羹四年卻仍**不**言退，因為她下定決心一定要贏。

皇天不負苦心人，辛苦終於有了「回報」。赫斯特打破了魔咒，隱形的「指導者」向她出了一次考試，而她勇敢地正面應考。從那時起，各大出版社紛紛開始向她招手，邀稿絡繹不絕，財源廣進，根本來不及清點。接著電影業也發現了這號人物，財富已不再是涓涓細流，而是如潮水般湧來。她的小說新作《大笑》，為她賺進了十萬美元的電影權利金，據說是尚未出版作品的最高權利金紀錄。而小說出版後，更為她賺進了高額的版稅。

簡言之，你已經瞭解**毅力**能發揮強大的力量。赫斯特也不例外。凡是賺到大錢的人，首先一定都具備**毅力**的特質。一個人如果只是想在百老匯混口飯吃，那一定餓不死；但若想賺大錢，就一定要有堅持的**毅力**。

知名歌手凱特·史密斯如果看到這一篇，一定會讚嘆「阿門」。因為在她拿起麥克風之前，她無償表演了許多年，只要一有機會就唱，沒有錢也不在乎。彷彿百老匯跟她說：「麥克風就在這裡，有本事就來拿。」她也真的拿到麥克風了，直到開心的日子到來，百老匯終於累了，告訴她：「妳啊，有什麼用呢？妳根本不知疲憊為何物。那就開個價，開始好好去工作吧！」史密斯於是就開了價，而且價位甚高，一個星期的唱酬甚至超過大部分人一整年的薪水。

毅力顯然是值得的！

更激勵人心的是，有許多**歌手的歌唱技巧並不輸史密斯，也在百老匯舞台浮浮沉沉，尋找「機會」，卻沒有成功**。無數人來來去去，許多人才華洋溢、唱功一流，卻因為缺乏努力再努力的勇氣，熬不過百老匯，終究敗下陣來。

你可以培養毅力

毅力是一種心境，心境是可以培養的。培養心境要有明確的目標為基礎，毅力也是如此，其中有：

1. **具體的目標**：清楚知道自己想要什麼，是培養毅力的第一步，也是最重要的一步。強大的動機能激發人的行動力，克服許多困難。
2. **渴望**：對目標有強烈的渴望，會比較容易堅持下去。
3. **自立**：相信自己有能力執行計畫，會激勵一個人將計畫貫徹始終堅持下去。（自立是可以培養的，請參考第四章〈自我暗示〉提到的原則。）
4. **明確的計畫**：就算計畫還不周全、不夠實際，只要有經過有組織的計畫，還是有助於強化毅力。
5. **正確的知識**：無論是出於個人經驗或對外觀察，只要知道自己的計畫是正確的，都能激發出毅力。相反地，以「猜測」取代「知道」，會造成毅力崩解。

6.合作：同理心、理解力，以及與別人協調合作，都有益於培養毅力。

7.意志力：培養專注的習慣，將意念集中在構思達成具體目標的計畫，可引發毅力。

8.習慣：毅力是習慣的直接結果。生活經驗對心智有潛移默化的效果。恐懼雖然是最難克服的情緒，但**反覆要求自己做出勇敢的舉動**，就可以克服恐懼。曾在戰爭中出生入死的人，都能體會這個道理。

關於**毅力**主題的討論即將接近尾聲，請好好審視自己一番，針對上述這八點，逐一自我檢視，找出自己在這方面還有什麼疏漏之處。這種分析會讓你對自己產生新的認識。

缺乏毅力的徵兆

讀完這一部分，你會發現阻礙你成功的原因到底是什麼。除了瞭解缺乏**毅力**的「徵兆」有哪些，更要找到深植於潛意識的根源。**如果你眞心想知道自己到底**

是誰、能做什麼事情，那麼請仔細研究下面這份清單。所有致富之人，都必須克服這些弱點：

1. 無法釐清自己想要什麼，也無法清楚定義。
2. 習慣拖延，不論有沒有原因。（慣性拖延的人，通常都有數不清的理由或藉口。）
3. 對學習專業知識沒有興趣。
4. 猶豫不決，習慣在任何情況下「推卸責任」，而不願正視問題。（也有一堆託辭。）
5. 習慣找藉口，而不是制定計畫來解決問題。
6. 容易自滿。這種壞習慣很難矯正，有這種症狀的人是沒有希望的。
7. 漠不關心，容易在各種事情上輕易妥協，面對困難時無法正面迎戰。
8. 習慣把錯誤歸咎於別人，認為不利的環境是不可避免的。
9. **渴望薄弱**，找不到**動機**來激勵行動。
10. 稍有挫折出現，就出現放棄的想法。（出於六種基本恐懼。）
11. 缺乏**有組織的計畫**，沒將計畫寫下來，加以分析。

12. 有想法，但缺乏實際行動的習慣，或是機會出現時無法把握機會。
13. 只有**心願**，但沒有**意志**。
14. 對**貧窮**的處境妥協，而不是努力致富。缺乏**改變**、**行動**與**擁有**的企圖心。
15. 想要尋找致富的捷徑，期待**不勞而獲**，通常反映在投機的習性，或企圖謀取「暴利」。
16. **害怕批評**，擔心別人怎麼想、怎麼說、怎麼做，因此無法制定計畫、付諸實行。這個弱點位居所有清單之首，因為它存在一個人的潛意識中，難以察覺。（請見第十五章所述的〈戰勝六種恐懼的幽靈〉。）

如果你害怕被批評

讓我們深入檢視一下**害怕批評**會出現的症狀。大多數人都容易受親戚、朋友或社會大眾意見的影響，害怕遭受批評，因此無法活出自己想要的人生。

有太多人在婚姻路上做了錯誤的決定，但卻半推半就，鬱卒地過完一生，只因為修正錯誤可能帶來非議，而他們不敢面對。（經歷過的人都知道，這種恐懼的殺傷力極強，會戕害一個人的雄心壯志、自立能力以及對成功的渴望。）

數百萬人在結束學校教育後，就不敢再重返校園，追求更高的學問，因為他們深怕被批評。

更有無數男男女女、不分年齡，任由親戚以**責任**為名，對自己的生活指手劃腳，因為他們怕被批評沒有責任感。（然而，負責任不等於要放棄追求個人目標，也不代表失去選擇生活方式的權利。）

許多人做生意時不願意冒險，因為擔心萬一失敗會飽受批評。**這代表對批評的恐懼，超過了對成功的「渴望」**。

也有許多人不敢為自己設定高遠的目標，甚至不敢為自己的職涯作主，因為他們害怕被親戚及所謂的「朋友」批評：「別好高騖遠了，你會被當成瘋子。」

當年卡內基建議我用二十年的時間組織出一套個人成功的原則。當時聽到他這麼說，我第一個想法就是擔心別人會怎麼看我。這個目標太過宏大，我連做夢都不敢想。那一瞬間，我心裡閃過了各式各樣的理由和藉口，說到底，都源自於對**批評**根深柢固的**恐懼**。我心裡冒出各種想法：「你做不到的，這工程太浩大了。何年何月才能完成？親戚會怎麼想？我又要如何謀生？從來沒有人組織出一套成功的法則，你憑什麼相信自己辦得到？你以為自己是什麼人，怎麼敢如此好高騖遠？記得你卑微的出生，你懂什麼法則？大家一定會說你瘋了嗎（後來也真的被這麼說）？以前怎麼沒有人做過一樣的事？」

各式各樣的問題閃過我的心中。一時間思緒紛沓，彷彿全世界的注意力忽然一下子都集中在我身上，嘲笑我太天真，要我趕快放棄我對實踐卡內基這個建議的渴望。

在那個當下，一個宏願會成形或是夭折的機會就在我的一念之間。多年後的現在，在分析過上千人的生平之後，回顧起這一段，我終於瞭解：**多數人的想法都只停留在想一想的階段，尚未成形便已胎死腹中。想法需要具體的計畫與立即的行動，來注入更多生命的氣息。**滋養一個想法最好的時刻，就是它剛誕生的時候。想法多存在一分鐘，成真的可能性便多一分。願望之所以無法實現，大多是因為內心深處潛藏著**對批評的恐懼**，因此想法永遠達不到**計畫與行動**的階段。

創造你的機運

很多人相信物質上的成功要靠運氣，需要有利的「機會」才能達成。這種想法並非全然無理。但若認為成功完全是靠運氣的人可就錯了，他們忽略了另一個成功的關鍵要素，也就是有利的「機會」是可以自己訂作出來的。

經濟大蕭條時期，喜劇演員威廉．克勞德．菲爾茲失去所有財產，且發現自己沒有收入、也沒有工作，他賴以維生的歌舞雜耍表演也不再流行。不但如此，當時他已年過六十，很多人在這個歲數都自認已經是「老年人」了。不過，菲爾茲渴望能重新站上舞台，因此願意在電影這個新的領域無償演出。只是禍不單行，他又不小心摔了一跤，導致頸部受傷。遭遇這麼多不幸，很多人可能就放棄及**退出**了，但菲爾茲**堅持到底**。他知道只要肯繼續下去，「機會」遲早會降臨。最後他真的如償所願，但這個結果絕非僥倖。

瑪麗．杜斯勒曾經窮困潦倒，快六十歲的年紀，卻一貧如洗，也沒有工作。跟菲爾茲一樣，她也在尋找屬於她的「機會」，最後如願以償，大器晚成，憑藉的也是她的**毅力**。大多數人在那個歲數，早已經放棄追求成就。

艾迪．康托爾因為一九二九年的股災財產盡失，但他還擁有**毅力**與勇氣。憑著這股精神，他充分發揮精準的眼光，為自己開創財富，一週能賺到一萬美元！沒錯，其他特質都尚在其次，只有**毅力**才是度過難關最重要的關鍵。

任何人能仰賴的「機會」就是自製的「機會」。這些機會來自於**毅力**的應用。而毅力的起點，則是**明確的目標**。

如果從現在開始，你每次碰到人，就問對方一生之中，最想得到什麼東西。

問上一百人，恐怕有九十八個人答不上來。如果繼續追問，有些人可能會說「安全感」，有些人想要「金錢」，還有人或許會說「快樂」，也有人想要「名聲及權力」，更有些人想得到「社會的認可」、「舒適的生活」或「唱歌、跳舞或寫作的能力」。但卻沒有一個人能明確定義上面這些字眼，也無人說得出他要採取什麼樣的**計畫**來達成這些模糊的目標。財富不會回應心願。財富只會回應以明確的渴望為基礎的具體計畫，並透過持久的**毅力**來執行。

培養毅力的四個步驟

有四個簡單的步驟可以幫助你培養**毅力**的習慣。它們不需要你多聰明、也不需要受過多高的教育程度，只需要一點時間和努力。這些必要的步驟如下：

1. 一個明確的目標，並且有實現目標的熱切渴望。
2. 一個具體的計畫，並持之以恆地執行計畫。
3. 避免心智受到任何負面的影響或對你潑冷水的意見，**包括唱衰你的親友和認識的人**。

4. 找到會鼓勵你的人，這種朋友至少要有一位，與他保持友好的聯繫，讓他鼓勵你執行計畫及堅守目標。

無論何種行業、何種身分，這四個步驟都是邁向成功最重要的關鍵。我的這套成功法原則有十三個法則，在在都是為了讓這四個步驟成為根深柢固的**習慣**。

掌握這四個步驟，就能主宰自己的經濟命運。

掌握這四個步驟，等於擁有了思考的獨立與自由。

掌握這四個步驟，財富便隨之而來，無論是小康或鉅富。

掌握這四個步驟，會帶來權力、名聲與世界的認可。

掌握這四個步驟，「機會」就必然會降臨。

掌握這四個步驟，可以把夢想轉化為物質實相。

掌握這四個步驟，就能駕馭**恐懼**、**沮喪及冷漠**。

嘗試實踐這四個步驟的人，都能獲得巨大的報酬。擁有自訂價格的特權，無論你喊價再高，生命都會買單。

如何克服困難

辛普森夫人當年與英國國王愛德華八世的偉大愛情，雖然我無從得知實情與細節，但我大膽地猜測她對愛情的追求，乍看之下驚世駭俗，但事實上並非電光火石的偶然，不全是「機運」的安排。她走的路，每一步都隱含著熱切的渴望、慎重的追尋。她的首要任務就是愛情。人生在世，什麼才是最重要的呢？辛普森夫人認為是愛情，不是規範、批評、怨恨、詆毀或政治「聯姻」，而是愛情。

早在認識愛德華八世之前，她就知道自己想要什麼。雖然在追尋所求的道路上，失敗了兩次（她曾離婚兩次），但她仍然保有繼續追尋的勇氣。「你必須忠於自己。誠實地面對自己，這件事情乃是天經地義，一如黑夜必然接續白天而來。唯有對自己誠實，才能做到無欺於他人。」

辛普森夫人在愛情的追求上，雖然出身平凡，但她能夠得到所愛，**堅持到底**，卻是**必然**的！面對勝率渺茫的人生戰役，她戰勝了。無論你是誰、對辛普森夫人有什麼看法，也不論你對為愛放棄江山的愛德華八世有何評價，所有人都不得不承認，辛普森夫人的所作所為替運用**毅力**做了最好的示範，她自立自決，是自己人生的主人，堪為全世界學習的典範。

當你猜想辛普森夫人的想法，猜想她想要的什麼，為了得到所愛，竟撼動了世界上最偉大的帝國。女性常常感嘆這個世界是由男人所掌控，女人擁有的機會不如男人，她們實在應該把辛普森夫人的生平仔細研究一番。她可是在大多數女性都認為已經「老了」的年紀，擄獲了全世界第一黃金單身漢的心。

至於愛德華八世呢？在他身上發生了近代以來最戲劇性的故事，我們又能從他身上得到什麼啟示呢？為了選擇內心所愛，他付出的代價會不會太高呢？

這些問題，除了愛德華八世本人以外，沒有人有資格評斷。

身為旁觀者的世人也只能猜測罷了。我們充其量只能確定，一出生就注定未來要繼承王位，不是他能選擇的。他含著金湯匙出生，令無數人豔羨，但那不是他自己要求的。他是眾多女性夢寐以求的婚嫁對象，全歐洲有無數政治人物都想盡辦法希望把貴婦或公主嫁給他。他身為雙親的長子，理所當然地繼承了王位，但這不是他自發性的選擇，內心或許毫不渴望。在繼承王位之前的四十多年人生，他並無自由可言，生活不能隨心，幾乎沒有隱私，後來還不得不登上王位，肩負起無從選擇的責任。

有些人會說：「愛德華八世擁有那麼多一般人沒有的東西，應該感到平靜滿足、幸福快樂了吧！」

然而事實上，在這些繼承而來的王位特權、財富、名聲、權力的背後，愛德華八世心中的那一股空虛，只有愛情能夠填補。

愛情才是他最強烈的**渴望**。早在遇見辛普森夫人前，他便已切實地感受到對愛情的渴望觸動心弦、敲打著靈魂之門，也呼喊著需要釋放與展現。

當他遇到另一個相似的靈魂，同樣呼喊著渴望把愛釋放，他立刻就認了出來，打開心房邀請對方進來，義無反顧，毫不畏懼。他們戲劇性的關係雖然成為國際議論的焦點，但沒有任何閒言閒語可以阻擋兩人互相吸引。他們在這段關係中感受到愛情與美好，也隨之擁有了承擔公眾責難、**放棄一切**、為愛發出**神聖**表達的勇氣。

愛德華八世**決定**放棄了當時世上最強大帝國的王位，以求能與他選擇的心愛女人共度餘生，這個決定需要莫大的勇氣。他也為這個決定付出了代價，這個代價是否太過巨大，又有誰有資格決定呢？耶穌曾說：「你們中間誰是沒罪的，誰就可以先拿石頭打他。」沒有人有資格評斷他人的對錯。

對於那些壞心挑剔溫莎公爵的人，我想給他們一個建議，因為溫莎公爵的**渴望**是追尋**愛情**，並且公開宣布他對辛普森夫人的愛，並為她放棄了王位，我想提醒他們：這份**公開聲明**其實並不是必須的。當時的王公貴族在婚姻外另有情婦，這種作法在歐洲社會已經流傳了好幾世紀之久，可說司空見慣。他大可效法習俗，就算不遜位，也不妨礙他與辛普森夫人的交往，**無論教會或世俗都不會對他有任何責難**。但這位男性與眾不同、心智堅定，他付出的愛情，純潔、深刻而真摯，代表著內心深處最真實的**渴望**，沒有**任何其他**事物比這份渴望更重要。因此他擇己所愛，也甘心為此付出代價。

假如當時歐洲有更多像愛德華八世一樣的統治者，有人性的赤誠、誠實的本質，那麼過去一世紀以來，世界或許就不會陷入貪婪、仇恨、慾望、政治上的縱容，飽受戰爭的折磨。世界的歷史**或許有不同的版本可說了**。那是一個用愛寫成，而不是充滿仇恨的故事。

讓我們用史都華·奧斯丁·威爾的話，來向前英王愛德華八世與辛普森夫人致敬：

沒有說出口的思緒，才是最珍貴的。

從黑暗的深淵，看出愛光輝的輪廓，才是最有福的。

我對你的傾慕，言語也無法表達萬一。

這幾句話對這兩人的讚揚恰如其分，他們找到了生命中最大的寶藏，也義無反顧地收下了這份寶藏，卻也因此成為現代史上遭受批判與攻訐最嚴重的受害者。

總有一天，全世界都會為溫莎公爵與辛普森夫人喝采。他們兩個人對生命至寶的追求始終充滿**毅力**，沒有得到絕不罷休。他們堪為世人典範，在追尋一生所求的道路上，**我們所有人都能從中受益**。

一個充滿**毅力**的人，到底被賦予了什麼神祕力量克服困難呢？難道**毅力**會在人的心中產生某種精神、心理或化學作用，以至於某種超自然力量被開啟了嗎？即使一個人已經輸掉了戰役，全世界都與他對立，是否只要願意奮鬥到底，無上智慧就會無條件地站在他這邊？

類似的問題在我研究福特和愛迪生這類名人的過程中不斷在心底升起。福特白手起家，一手建立了龐大的工業帝國，在奮鬥初期幾乎一無所有，有的只是**毅力**。愛迪生則只受過三個月的學校教育，卻成了世界上最偉大的發明家，將**毅力**化為留聲機、電影放映機、白熾燈泡等實用的發明。

我很幸運有機會長年分析愛迪生與福特的特權，因此得以有機會近距離觀察他們的為人。根據我與他們第一手接觸的經驗，我可以肯定地說，他們兩個人輝煌的成就絕大部分都是源於**毅力**。

如果我們仔細研究歷史上的眾多先知、哲學家、創造「奇蹟」之人與宗教領袖，就會發現這些人都有類似的特質，便是堅持的**毅力**、極度的努力，並且都有**明確的目標**，這是他們成就的主要來源。

以伊斯蘭教先知穆罕默德為例，倘若研究他的生平，將他的成就與現代工商業鉅子做比較，會發現他們的共通之處，就是**毅力**！

如果你有興趣研究這位先知所展現的驚人**毅力**所帶來的神奇力量，可以閱讀艾薩德・貝伊撰寫的《穆罕默德先知傳》。湯瑪斯・蘇格魯曾在《先驅論壇報》針對這本書發表書評，做了以下評述，頗能一窺人類文明史上一位大人物的堅毅本色：

最後一位偉大先知

書評人：湯瑪斯・蘇格魯

穆罕默德是位先知，但他從未行過神蹟。他不是神祕主義者，也沒有接受過正規教育。展開傳道生涯的時候，穆罕默德已屆四十。當他宣布自己是神的使者，要向世人傳遞眞主的箴言時，大家都對他極盡嘲笑，覺得他簡直是瘋了。小孩子會故意絆倒他、捉弄他，女人則朝他丟擲穢物、羞辱他。他被逐出故鄉麥加，他的信徒也跟著被剝奪所有財產，隨他流放沙漠。傳道之路走了十年，他仍然一無所獲，有的只是流放、窮困與訕笑。然而，到了第二個十年即將屆滿之際，努力逐漸看到了成果，穆罕默德成爲阿拉伯地區呼風喚雨的人物，也是麥加的統治者，更是新世界宗教的領袖，在他耗盡生命之前，伊斯蘭信仰踏及多瑙河與庇里牛斯山。伊斯蘭教有三個重要的驅動力：箴言的力量、禱告的效力，以及人與神之間緊密的關係。

他的傳道生涯充滿傳奇色彩。穆罕默德出身麥加望族，然而一出生便家道中落。麥加是世界的十字路口，也是黑石聖堂的所在地，更是往來貿易大城及商業路線的樞紐。雖然如此，麥加的衛生條件不佳，不適於成長，因此當地嬰孩出生後，都會被送往沙漠地區，交由貝都因人撫養，因爲他們相信能在沙漠長大的孩子都會健康。因此，穆罕默德就在養母的照顧下長大，度過了一段游牧民族的歲月。他照顧羊群，長大後受雇於一位富孀，爲她管理沙漠商隊。他的足跡遍及東方世界，見過各種信仰的人，也看到了基督教世界因爲分裂互戕而衰敗。二十八歲時，雇用他的富孀海迪徹看上了穆罕默德，後來嫁給了他。她的父親非常反對這樁婚姻，因此海迪徹把父親灌醉，半哄騙半強迫地逼他主持了婚禮。婚後的十二年中，穆罕默德過著富裕尊貴的生活，是個精明能幹的生意人。然而有一天，他的人生轉了個彎，在沙漠中聽見了神的召喚。之後他帶著《古蘭經》第一章經文回到家中，並告訴海迪徹：大天使加百列在他面前現身，要他成爲眞主的使者。

《古蘭經》是神的話語，也是穆罕默德一生中最接近奇蹟的事件。在此之前，他從來不是出口成章的人，對文字之道並不擅長。但穆罕默德卻信口就能誦出《古蘭經》，詞藻之優美，遠勝任何文名素著的詩人。對阿拉伯人來說，這無疑是一個奇蹟。他們一向認爲，文字才能是神所賦予最好的禮物，而詩人則是最偉大的存在。此外，《古蘭經》說在神的面前人人平等，這個世界應該要同屬一個伊斯蘭國家之下，以平等精神待人。當時的阿拉伯人普遍信仰泛神論，因此穆罕默德的理念無異於異端邪說。但他憑著內心一股強烈的渴望，下令子弟兵清除了黑石聖堂內的三百六十尊偶像，告訴人們只需崇拜獨一無二的眞主。這些偶像原本吸引沙漠各部族前往，而人潮意味著貿易往來，因此穆罕默德這個舉動引起麥加當地商人（也就是資本家，穆罕默德原本也是資本家其中一員）的反彈，群起攻擊，導致他後來不得不遷往他處避難。穆罕默德與追隨者退到沙漠當中，繼續追求一個以伊斯蘭教爲依歸的統一世界。

伊斯蘭教開始崛起。對信仰的熊熊火焰在沙漠之外也逐漸燃起，信徒組成一支勁旅願爲理想而戰鬥，至死方休。穆罕默德甚至邀請猶太人與基督徒一同加入，因爲他認爲自己的所作所爲並不是要創立一個新宗教，而是要呼喚相信唯一眞神的人們加入信仰的行列。如果當時猶太人和基督徒接受了邀請，伊斯蘭或許已經征服了世界。但他們沒有接受，甚至連穆罕默德在戰爭過程中所採取較爲人道的作法，也不願接受。穆罕默德的軍隊進入耶路撒冷時，沒有任何人因爲信仰的歧見而遭到殺害。反觀數百年後，十字軍東征進入耶路撒冷，伊斯蘭男女老幼卻無一倖免於難。不過，基督徒倒是延續了大學機構，這是穆斯林文化中重要的學習場所。

第 10 章

智囊團的力量

{成功致富法則之九}

加強驅策力

力量是想要致富不可或缺的要素。

如果沒有**力量**去**實行**，徒有**計畫**仍舊是一場空，是沒有生命的廢物。本章將會討論每個人如何取得及應用**力量**。

可以將**力量**定義為「有組織且運用得當的**知識**」。這裡所謂的**力量**，指的是**有組織的**努力，足以能將個人的渴望轉化為相應的金錢實相。**有組織的**努力，是兩個或更多人具有共通的**明確目標**，並且以和諧的精神合作而得。

財富的累積需要力量！而賺得財富後，要守住財富，也需要力量！

我們先探究力量要從哪裡獲得。如果說力量是「有組織的知識」，那麼我們先來看看知識的來源有哪些：

1. **無上智慧**：這種知識來源，能夠在**創造性想像力**的幫助之下，用第六章〈想像力〉提到的方法來獲得。
2. **經驗累積**：人類長久的經驗累積（或者是經過整理和記錄的部分），可以在任一家館藏充分的公共圖書館中找得到。公立學校或大學也會將這些累積的經驗加以分類、組織後，傳授給學生。
3. **實驗研究**：在科學領域及幾乎各行各業中，人們每天都取得新事實並分類、組織。當「經驗累積」這個管道不能提供你所需要的知識時，你可以向實驗研究這種來源尋求，在過程中經常需要**創造性想像力**的幫助。

知識可以從上述的任何來源獲得，而對這些知識加以組織成明確的**計畫**，並且付諸**行動**，就能夠得到**力量**。

檢視三個主要的知識來源，我們也能明白一件事：如果僅靠一己之力來收集，並將這些知識組織成明確的計畫並付諸**行動**，會是一件相當困難的事。如果他的計畫內容龐雜，並且目標廣大，那麼他通常就必須尋求他人的合作，才能將必要的**力量**注入到他的計畫中。

透過「智囊團」獲得動力

「智囊團」可定義為：「在兩人或多人的團隊中，彼此為了一個明確的目標，共同付出知識與努力，並且和諧相處、合作無間。」

沒有透過「智囊團」的幫助，任何個人能夠發揮的力量都很有限。前面章節我們已經提及了許多指示，說明了要將**渴望**轉化為相應的金錢實相所需要的**計畫**

應該如何制定，以**毅力**和智慧來執行，謹慎選擇「智囊團」的成員，那麼有可能在不知不覺間你就已經成功一半了。

透過這個精心挑選出成員所組成的「智囊團」，你將更瞭解這股力量的「無形」潛力。以下我們將介紹「智囊團」的兩個特性，分別是經濟層面以及精神層面。在經濟層面的特色是很明顯的，我們能在一群人**和諧合作**的幫助下，享有建議與諮詢的資源，以及他人全心全意的幫助。這樣的合作關係一直以來都是鉅額財富的基礎。你對這個偉大真理的瞭解程度，決定了你的財務狀況。

「智囊團」在精神層面的特性則比較抽象，不容易理解，因為它涉及全人類都不太熟悉的精神力量，但你可以透過下面這句話來理解：「當兩個彼此合作的心智，必定會產生第三個看不見的無形力量，這個力量可以視為第三個心智。」

請記住，這整個宇宙中只有兩個元素：能量與物質。眾所皆知的是，物質可以分解為分子、原子和電子的單位。物質的單位也可被分離、隔開及分析。

同樣地，能量也是有單位的。

人類的心智就是一種能量形式，當中的本質是精神層面的。當兩個人的心智以**和諧精神**一起合作時，每個心智中的精神能量就會緊密結合，形成上述所提及的「智囊團」的「精神」層面。

我第一次發現到「智囊團」原則或經濟層面的特性時，是約在二十五年前，因為卡內基而引起我的注意。這項發現也促成了我選擇今生的志業。

卡內基的「智囊團」大約有五十名成員，他們彼此相伴，並且為了一個**明確的目標**而努力，也就是生產和行銷鋼鐵。卡內基將他所有累積的財富都歸功於「智囊團」所產生的**力量**。

只要你分析過任何累積鉅額財富的人，以及分析過很多小富之人，你都會發現他們在有意無意間都使用到了「智囊團」的原則。

強大的力量，只能透過智囊團匯集！

讓腦力倍增的方法

能量是大自然用以創造世上萬物的材料，創造物包含了人類以及各式各樣的動植物，透過只有大自然才知道的過程，將能量轉化為物質。

人類也能使用大自然創造所使用的材料，而且這種能量就在他的**意念**之中！人的大腦就好比是一顆電池，而這顆電池能夠吸收遍布於以太的能量，這種能量遍布於物質原子之間，也充滿整個宇宙。

我們都知道，一組電池所能提供的能量將會比單一顆電池來得多。我們也知道，一組電池所能提供的能量跟它包含幾顆電池以及容量相等。

大腦也是以類似的方式運作。這也解釋了某些大腦比其他大腦更有效率的事實，我們因此得到了一個重要的結論：一群以**和諧精神**運作的大腦，提供的思考能量，能比單個大腦所提供的更多，就如同一組電池所能提供的能量也會比單一顆電池多，是一樣的道理。

透過上述的比喻，我想真相已經不言而喻了，也就是「智囊團」原則掌握了**力量**的祕密，並且任何人只要與「智囊團」結盟，就能夠擁有強大的力量。

接下來，另一句話進一步理解「智囊團」原則在精神層面的特性：「只要一群人的頭腦彼此**合作無間**，溢增出來的能量，團隊中的每個人都能夠分享。」

眾所皆知的是，福特當初也是在沒有資金、沒有學歷、所知不多的情況下，開始他的事業。大家也都知道的是，福特在不可思議的短短十年內，就克服了這三項困境，並且在二十五年內就成為了美國最富有的人之一。接著，請你把福特迅速發跡致富的事蹟，與他當時跟愛迪生結交成為朋友的事情聯想在一起，如此你就會明白，一個人對另一個人的影響有多大。接著，我們再進一步去思考，福特事業上最大的成功，是從他結交了美國的橡膠大王哈維·費爾斯通、美國的博物學家約翰．巴勒斯，以及路德．貝本之後才開始的，而這三個人各個都是腦力天才，這樣或許就有進一步的證據可以證明，和諧的心智聯盟可以帶來**力量**。

毫無疑問地，福特是工商界最有見識的人之一，並且他的富裕程度無庸置疑，只要你仔細分析與福特關係較密切的朋友，當中有些已經提及，你就能理解接下來的這句話：

「當我們以同理心及**和諧精神**與朋友互相交流時，就會接收他們的性情、習慣、以及**意念的力量**。」

福特透過與這些天才為伍，成功地擺脫了貧窮、不識字以及無知等缺陷，並且也受惠於他們的思想，得到了匯集愛迪生、費爾斯通、巴勒斯、貝本四人的智慧、經驗、知識、精神的力量。此外，他更妥善地運用，因此受惠於本書所提及有關「智囊團」原則的方法。

這「智囊團」的原則同樣適用於你！

我們曾提過聖雄甘地的事蹟，或許大多數聽說過甘地的人，都只把他當成一個奇怪的小人物，不穿正裝到處遊走，還給英國政府找麻煩。

實際上，甘地並不怪，而且**他是當今最有力量的人**。（這是根據他的追隨者人數，以及他的追隨者對他的信心來估計的。）此外，他甚至有可能是有史以來最有力量的人，雖然他的力量不明顯，但卻真實存在。

我們來研究一下，他取得這驚人**力量**的方法。簡單來說，就是他召集了兩億多的人，在一種**和諧**的精神下，身心共同為一個**明確的目標**努力。

簡而言之，甘地創造了一個奇蹟，因為他居然能夠召集兩億多人（不是出於脅迫），不限時間、心甘情願地與他**和諧**合作。要是你認為這算不上是奇蹟，那麼就請你試著找**任何兩個人**，與你一起和諧地合作一**段時間**看看。

任何管理企業的人都知道，要讓員工**和諧**地合作是多麼困難的一件事情。

正如你所見，在上述獲得**力量**的主要來源清單中，**無上智慧**位居首位。當兩個人或者多人彼此以**和諧**精神合作，為了一個明確的目標而努力時，他們就能將自己置於汲取這個宇宙中偉大的無上智慧的位置，而這也是所有的**力量**來源中最強大的，它不僅是每位天才的力量泉源，更是每位領導者的力量源頭（不論這些人有沒有意識到這件事）。

而另外兩個用以取得力量的必要知識來源，其實就如同人的五感般，有時並不可靠。但是無上智慧**永遠都不會出錯**。

在後續的章節中，將會充分介紹最容易接觸無上智慧的方法。

這並不是宗教的課程。本書所敘述的基本法則，都沒有企圖以直接或間接的方式來影響任何人的宗教習慣。本書的內容嚴格界定在下列範圍內：指導讀者如何將他們**對金錢的明確渴望**，轉化為相應的金錢實相。

請你在閱讀本書時，要讀、要**想**、還要沉思。很快地，本書的完整全貌就會展現，你就能以正確的觀點看見它，而你現在還只在瞭解各章的內容細節而已。

正面情緒的力量

金錢就像一個「舊式」少女般難以捉摸。想要得到它，所使用的方法也必須得像是一個追求她的男子般才能成功。並且很巧的是，「追求」金錢的**力量**，基本就和贏得少女的芳心大同小異。在成功追求金錢的力量中，要融入**信念**、**渴望**，以及**毅力**，也要有明確的計畫加以**執行**。

當「大筆財富」來臨時，它會像山上的流水般，向下流向累積它的人。世界上有一條看不見的**力量**之流，它就好比一般河流般，差別在於，這條河同時有兩個相反的流向，其中一側方向不斷前進向上，流往**財富**；而另一側流向則將所有不幸掉落的人都送往不幸與**貧窮**的境地（並且無法逃脫）。

任何累積了大量財富的人，相信都對這條生命之流並不陌生。它是由人的意念所構成。其中正面情緒的意念將人送往財富那側的水流，而負面情緒的意念則會將人送往貧窮那側的水流。

這對以累積財富為目標、遵循本書的人來說，這裡介紹非常重要的想法。如果你身於通往貧窮那側的**力量**之流，這個觀念可以是你的船槳，讓你離開目前的困境，划向另一側。但**光**知道還不夠，必須透過實際執行與應用本書所提的內容才能真正幫助你。如果只閱讀就妄下定論，是絕對對你沒有任何益處的。

有些人，時常在這條河的兩側流向之間漂流，時而正面、時而負面。一九二九年華爾街股災，就將數百萬人從正面之流帶到負面之流去，這些人無不恐慌且絕望，極力掙扎著想要游回正面之流，而這本書就是特別寫給這些人的。

貧富時常在輪替。上述的股市崩盤，已經讓這個世界明白了這個真相，然而，這個世界卻恐怕不會記住這個教訓太久。就貧窮與財富而言，要從有錢轉為貧窮非常容易，但如果想要從貧窮轉向財富，就必須得有精心的**計畫**，並且仔細執行。貧窮既不需計畫，也無需任何幫助，它既膽大包天，又蠻橫無情。反觀財富則害羞又膽怯。你需要主動去「吸引」才能得到財富。

第 11 章

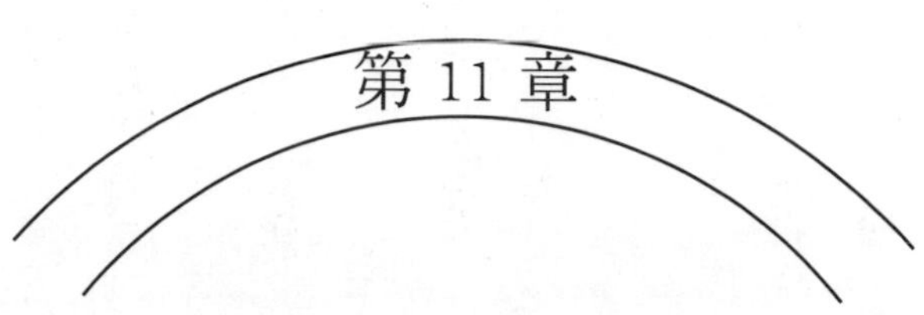

性慾轉化的奧祕

{成功致富法則之十}

化激情為強大的心智刺激

「轉化」一詞的意義，簡單地說就是「將一種元素或能量形式，改變或轉成另一種元素或形式」。

性慾的轉化，就是把性的激情帶到一種心智狀態。

由於對這個主題的無知，常以為這種心智狀態與生理狀態有關；又由於多數人在學習性知識時受到不當的影響，因而對本質上屬於生理活動的事物也存有極大偏見。

性激情有三種潛在的積極功能，分別是：

1. 延續人類物種。
2. 維持健康（可以作為一種治療途徑，療效極佳）。
3. 透過轉化，將平凡轉化為卓越。

事實上，性慾的轉化很簡單，也很容易解釋。它是心智的改變，將生理表現的意念轉化成另一種性質的意念上。

人類有各種渴望，其中力量最強的就是性慾。人受到性慾驅使的時候，能發揮出平時沒有的想像力、勇氣、意志力、毅力與創造力。人類常常甘冒生命危險，寧願聲名掃地，也無法抑制對性接觸的強烈渴望。如果性慾能駕馭得當，設法將其導往其他面向，那麼這股驅動力就能在保有想像、勇氣等特質的前提下，用在文學與藝術創作，或任何工作與使命上——當然，也包括累積財富。

轉化性能量的過程，的確需要發揮意志力，但得到的回報讓努力值得。性的表達是人類與生俱來的渴望，這種渴望不能、也不應該被壓抑或抹除，而是要尋找出口，用能夠滋養身體、心智與精神的方式來展現。假如無法透過轉化為性慾找到出口，它就會用純肉體的方式來發洩。

築水壩可以暫時控制溪流，但河水最終還是需要有宣洩的出口。性激情也是如此，它可以暫時被壓抑或控制，但本質上始終在尋找某個可以展現的途徑。如果沒有順利轉化，找到盡情發揮創造力的活動，就會用比較低陋的方式來宣洩。

能透過創造性的方式，為性激情找到出口的人，可說是非常幸運，因為這個過程能把一個人從凡人提升到天才的境界。

科學研究已經證實以下重要的事實：

1. 傑出人士都有高度成熟的性特質，也就是學會了性慾轉化的技巧。
2. 累積龐大財富的人，以及在文學、藝術、工業、建築等各行各業得享盛名的權威人士，都受到女性影響力的驅策。

上述結論是綜合兩千多年以來眾多名人傳記與歷史紀錄而發現的，其中凡是有重大成就的人，考據其生平故事，會發現他們都有高度成熟的性特質。

性激情是一股「無可抵擋的力量」，勢頭之強大，能夠撼動任何「不可動搖的事物」。在性激情驅使下，人會產生無比的行動力。只要明白這個道理，就能理解性的轉化何以能讓凡人變成天才。

性激情包含了創造力的祕密。

無論人類或動物，如果把性腺摘除，就等於消滅了主要的行動力來源。仔細觀察被閹割的動物就知道了。公牛如果被閹割，會變成跟乳牛一樣溫馴。性徵一旦改變，雄性與生俱來的**鬥性**也會喪失；女性的性徵改變也是如此。

心智刺激的十種來源

人類心智受到刺激會有反應，就像調音一樣，「調頻」成高頻率的振動狀態，也就是我們熟知的熱情、創造性想像、強烈的渴望等。最容易刺激心智產生反應的來源有：

1. 表達性慾的渴望。
2. 愛。
3. 對名聲、權力、財富的熱切渴望。
4. 音樂。
5. 同性或異性之間的友誼。
6. 兩人或多人組成的「智囊團」，以和諧為基礎，一起追求靈性成長或世俗成就。
7. 共同經歷的痛苦，例如同遭迫害的經驗。
8. 自我暗示。
9. 恐懼。
10. 毒品和酒精。

這份刺激來源的清單中，表達性慾的渴望位居首位，是最能「提升」心智的振動頻率，並引發實際行動的「動力」。有八種是自然且有益的刺激，另外兩種則對身心有害。一項項全數列出，是為了讓你能互相比較這些刺激。顯而易見，性慾是其中最強烈、作用也最大的心智刺激。

這種比較凸顯了性慾的轉化有多重要，可以讓凡人變成天才。讓我們找出天才具備了哪些條件。

有些自以為聰明的人，覺得天才就是「留著長頭髮、吃奇怪的食物，獨來獨往，三不五時就被大家拿來開個玩笑的對象」。但比較正確的天才定義是，「掌握了提升意念振動頻率的技巧，所以能游刃有餘地與知識來源溝通、理解知識。這種狀態，是一般的意念振動頻率無法達成的」。

上述對天才的定義，有些善於思考的人看了可能第一個問題就是：「人要怎麼和一**般**振動頻率無法理解的知識溝通呢？」

下一個問題可能是：「只有天才可以理解的知識，目前有沒有已知的來源呢？如果真的有，**這些來源是什麼**？又該怎麼做才能觸及？」

我們會提出證據，證明本書中某些重要的論點；或至少提供某些線索，讓讀者能自行加以驗證。透過這個過程，上面這些問題也會得到答案。

透過第六感打造「天才」

「第六感」的存在，已經是公認的事實。所謂第六感，指的是「創造性想像力」。絕大多數人，終其一生都從未好好利用過自身的創造性想像力，即使偶有發揮，也只是巧合罷了。只有少數人懂得**刻意**、**有目的**、**深思熟慮地**運用創造性想像力，這些懂得主動發揮、也瞭解其作用的人，就是所謂的**天才**。

人類的心智是有極限的，而創造性想像力能在有限的人類心智與無上智慧之間，建立起直接的連結。宗教領域所謂的天啟，或科學中發現新的原則或基本定律，都是透過創造性想像力達成的。

一項想法或概念忽然在心中閃現的時候，我們通常稱之為「直覺」，而直覺有以下幾種來源：

1. 無上智慧。
2. 個人的潛意識。潛意識是存放各種感官印象與意念衝動的地方。透過五感，可以把印象與意念傳送到大腦。

3. 別人的心智。另一個人有意識地釋放出意念，或是對某種想法或概念的想像。

4. 另一個人的潛意識寶庫。

除此之外，「靈感」或「直覺」並沒有其他**已知的**來源。心智會受到刺激影響而產生振動。振動的頻率越高，創造性想像力就運作得越好。換句話說，只有在心智的振動頻率高於平均的情況下，創造性想像力才會出現。

當大腦因為前述十種刺激的一種或多種而受激發時，人的思考格局會大大提高，遠超過平時水準，**意念**的深度、廣度或品質都會有所提升，看得見平時看不見的視野。這種體驗，是例行瑣事纏身時感受不到的。

一旦意念的水準提升，人就像搭飛機飛升到某個高度，視野變得遼闊，看得見身在地面時被地平線所侷限的遠方。此外，當到達這種意念的高度水準時，各種外界刺激就不再影響他，人也會忘卻為了尋求食物、保暖、人身安全等生存基本條件所造成的視野限制。他處在一個意念的世界，在那裡一般日復一日的瑣碎意念不復存在，就像搭著飛機爬升的時候，高山與河谷等視線障礙也會隨之消失。

在這種**意念**的高原上，心智的創造能力便有了自由發揮的空間。第六感運作的障礙消除了，能接收到原本無法觸及的想法。天才與凡人之間的差異，便在於有沒有「第六感」。

創造能力越使用就會越敏銳，對來自於個人潛意識以外的振動，也越有反應。換句話說，創造能力是可以培養的，關鍵在於多加使用。

所謂的「良知心」，完全是透過第六感來運作的。

偉大的藝術家、作家、音樂家或詩人，他們所以能為人所不能，正是因為他們能透過創造性想像力傾聽內在「微小的聲音」，已經變成一種熟能生巧的習慣。想像力豐富的人，都熟知這種技巧，大家都知道，想像力「敏銳」的人許多精彩的想法，都是來自於「直覺」。

有一位優秀的演說家原本並不卓越，直到他在演說時閉上眼睛，讓創造性想像力帶著他隨意遊走。有人問他，為何每每在演說即將達到高潮之前，都會閉上眼睛？他回答：「因為這麼做，能幫助我將內心的想法說出來。」

美國有一位知名的金融家做任何決策前有個習慣，會閉上眼睛兩、三分鐘。有人問他為何這麼做，他說：「閉起眼睛的時候，我感覺能觸及到一股更高的智慧來源。」

已故發明家艾爾默．蓋茲博士，在位於馬里蘭州卻斯鎮的研究室裡，發明了兩百多項專利，其中有許多都是原創性專利，貢獻厥偉。這些專利的誕生，便是他善用創造性能力的結果。蓋茲博士無疑稱得上是位天才，對於想要成為天才的人來說，他的方法應該很有意思、也頗具啟發性。蓋茲博士可說是世界上真正偉大的科學家，只是知名度不高。

蓋茲博士在實驗室裡，設了一間「個人溝通室」，這個房間既隔音又防光，裡面放著一張小桌子，上面擺了一疊紙，可以隨時記錄想法。桌前有一道牆，牆面上裝了一個通電的按鈕，用來控制燈光開關。每次蓋茲博士想汲取創造性想像力的時候，就會來到這個房間，在桌子前坐下，把燈關掉，**集中**思考關於手邊研究**已知**的事實，然後繼續坐在那裡，直到**未知**的部分在心裡閃現。

有一次，蓋茲博士的靈感有如泉湧，振筆疾書連寫了三小時，不能自已。等到思緒稍歇，他檢視剛寫下的筆記，這才發覺自己剛剛發現了幾項原則，還寫下了詳細的細節，都是當時科學界還不知道的。不但如此，筆記內容也解決了發明遇到的瓶頸。蓋茲博士透過這種方式，成功發明了兩百多項專利，用創造性想像力完成了許多原本「未臻完整」的構想。這個過程，在美國專利局的文件中有相關記載。

蓋茲博士以「坐等想法出現」謀生，客戶有個人、也有公司。美國有些大企業甘願計時付費，捧著大把鈔票請他幫忙「坐等想法出現」。

理性能力容易出錯，因為這種能力大部分是由個人累積的經驗所引導。但「經驗」累積得到的知識，不一定是正確的。透過創造性想像力產生的想法比較準確，因為它們的來源比心智的理性能力來得可靠。

天才和「怪怪的」發明家之間，最大的差異或許就在於天才善用創造性想像力，而古怪的發明家則對這種能力一無所知。科學界的發明家（例如愛迪生、蓋茲博士），常常同時運用整合性想像力和創造性想像力。

例如，科學發明家或「天才」進行一項發明時，一開始會運用整合性能力（亦即理性能力），組織並整合已知的想法或經驗所得的原則。若發現有所不足，再運用**創造性**能力探索其他知識來源。具體的方法因人而異，但大致上是這樣進行：

1. 利用上述十種心智刺激中的一種或多種，或是個人專屬的其他刺激方式，他**改變了心智的振動頻率，使之提升到比平均更高的狀態**。

2. **他專注於**發明項目的已知事實（已完成的部分），然後在心裡描繪未知的要件（未完成的部分）完成後的完美圖像。接下來，在內心保留這幅圖像，直到圖像被潛意識吸收。接著便放鬆心情，把**所有**意念放空，等待答案「閃現」心中。

這麼做有時可以很快得到明確的結果，有時則未必，端看「第六感」或創造性能力當下開展的狀態如何。

愛迪生運用整合性想像力，嘗試了一萬多種構想組合，直到改用創造性想像力，把心智「調到」正確的頻率，這才找到了關鍵步驟，發明了白熾燈泡。他在發明留聲機的時候，也經歷了類似的過程。

有許多可靠的證據，證明了創造性想像力的確存在。仔細分析各行各業的領導者，都可以發現這種現象，這些領導者未必受過多少正規教育。林肯就是其中一例，他發揮創造性想像力，由此功成名就，成為偉大的領導者。他邂逅了安·拉特利奇，因為愛的激發，運用了創造性想像力。林肯的故事是研究天才領域非常重要的案例。

性的驅策力

遍觀歷史，就會發現許多偉大的領導者，之所以得以功業大成，都能直接追溯到某位女性所引發的性慾刺激，觸動了心智的創造性能力。拿破崙就是其中一例，他與第一任妻子約瑟芬濃情正好的時候，也正是他如日中天、勢不可擋的時期。後來拿破崙「恢復理智」，按照理性思考選擇與約瑟芬離異，之後反而江河日下，幾年之後便帝位不保，被流放到聖赫勒拿島。

如果大家認為無傷大雅的話，我們可以輕易舉出數十位美國知名人物也有類似的故事。他們在妻子的激勵下，攀上事業的巔峰，卻在金錢權勢在握**之後**，拋棄妻子，另結新歡，後來事業又跌落谷底。性慾可以發揮某些作用，只要**來源得當**，威力會比任何能力來得強大，拿破崙不是唯一的例子。

人類心智會回應刺激！

所有刺激中，效果最強大、最有力的便是性衝動。如果善加利用並予以轉化，這股驅動力會把人類提升到更高的意念層次。一旦意念層次提高，原本會造成憂慮和煩惱的事情，都會變得容易掌握。

可惜，發現這個祕訣的只有那些天才。其他人都只停留在性衝動的層次，沒有發現性衝動所能發揮的潛在作用。這也說明了為什麼天才都是鳳毛麟角，而絕大多數「其他人」終其一生都只是庸庸碌碌的無名小卒。

為了加深印象，我們經由一些名人傳記所得到的相關事實，列出一份成功人士的清單。他們的共通點，就是擁有高度成熟的性特質，他們的天才無疑是轉化了性能量：

美國國父喬治・華盛頓
法國皇帝拿破崙一世
英文大文豪威廉・莎士比亞
美國前總統亞伯拉罕・林肯
美國文學家拉爾夫・愛默生
英國詩人羅伯特・伯恩斯
美國開國元勳湯瑪斯・傑佛遜
美國哲學家阿爾伯特・哈伯德
美國名律師阿爾伯特・蓋瑞
英國大詩人與劇作家奧斯卡・王爾德
美國前總統伍德羅・威爾遜
美國商業鉅子約翰・亨利・派特森
美國前總統安德魯・傑克森
義大利歌唱家恩里科・卡魯索

你可以從傳記資料中，在這份清單裡加入其他人。如果仔細觀察，就會發現在文明史中，無論任何文化、任何職業，成功人士無一不是受高度成熟的性特質所驅動。

假如你對古人傳記的案例半信半疑，那麼也可以改為觀察你認識的當代成功人物。你會發現，他們也都具備高度發展的性特質。

性能量是所有天才的創造性能量來源。**絕對不可能有誰成爲偉大的領導者、建築師或藝術家，卻缺乏性慾的驅動力。以前沒有這種人，往後也沒有這種人。**

但可別誤會了：並不是所有具備高度性特質的人，都是天才！人類**只有**在對心智進行刺激，激發心智改變狀態、發揮創造性想像力，用這種方式擷取而得的知識，才會讓人變成天才。外在刺激存在的目的，是為了將振動頻率「向上提升」；性能量只是眾多刺激來源的一種。單是**具有**這種能量，並不足以讓人變成天才。這股能量必須被**轉化**，從對肉體接觸的渴望，轉化成**其他**形式的渴望與行動，才能讓人晉升到天才的境界。

然而，絕大多數人非但沒有憑著強烈的性慾變成天才，反而誤解及濫用了這種強大的力量，**降低**了自身的層次，倒退到低等動物的水準。

為何功成名就總在四十後

分析了二萬五千多人的人生故事後，我發現傑出人士很少是在四十歲前就獲得如此成果。他們甚至要到了五十幾歲，才能真正登上成功的高峰。這項發現讓我相當意外，想一探究竟，於是著手進行了超過十二年的研究。

研究顯示，成功人士大多在四十到五十歲之間，才開始嶄露頭角。究其主因，他們在這個歲數前通常縱情於聲色，以此來**宣洩**能量。絕大多數男性終其一生**從未**發現，除了肉體歡愉之外，性衝動還能用其他更有意義的方式來表現。發現這種訣竅的男性，大多是**浪費了多年光陰**，飽受性衝動之苦，而在性慾的高峰期發現了轉化性慾的關鍵，時間點多半落在四十五到五十歲之間。一旦找到了竅門，重大成就便隨之而來了。

許多男性四十歲前的人生，說穿了就是不斷尋找能量宣洩方式的過程，有些人甚至到了四十幾歲仍是如此。這些能量其實可以有更好的運用、為人生加分，可惜卻所用非途、四散飛逸了。有句諺語說：「到處播種野生燕麥。」指的就是男人這種四處拈花惹草的習性。

人類所有情感當中，驅策力最強的無疑是性慾表達的渴望。如果能**駕馭及轉化**這股激情，移轉到肉體之外的行動，就能把一個人提升到天才的境界。

美國有一位商業巨擘，曾經坦承自己源源不絕的生意靈感，大多是他嫵媚動人的祕書所啟發的。與她相處時，能提升自己的心智狀態，觸發其他刺激來源所無法激發的創造性想像力。

還有另一位美國最成功的男人，把自己的成就歸功於一位女子。這位女性年輕又迷人，是他心中的繆思女神，為時長達十二年。人人都知道我指的是誰，卻不見得知道他成就的**眞正來源**。

觀諸歷史，靠酒精或毒品等人工刺激物成為天才的例子，所在多有。美國小說家愛倫坡就是在酒精的催化之下，寫下了名著《烏鴉》，「夢見以往凡人沒人敢做的夢」。詩人詹姆斯·惠特康姆·萊利也經常靠酒助興，在醺然間看見「真實與夢境相互交錯，井然有序，磨坊靜佇河畔，霧靄縹緲溪間」。英國詩人羅伯特·伯恩斯最好的作品，都是醉眼惺忪之中寫成，「敬美好的往日時光，我的老朋友！舉杯共祝，促膝相親，敬美好的往日時光！」

但是，這幾位嗜好杯中之物的天才，終究必須付出毀壞自己的代價。大自然自有其天然的魔水藥劑，能催動心智找到最佳振動頻率，捕捉住渾然天成的獨特發想。沒有任何事物，能取代自然產生的刺激。

心理學家都認同，性的慾望與屬靈的衝動，兩者之間有密切的關聯。有些人參加宗教密儀的時候，會出現荒誕的舉動，就是這個原因。他們稱這種狂歡儀式為「重生」，在比較原始的宗教派別裡頗為常見。

人類的各種情緒，主導了世界的樣貌，也奠定了文明的走向。我們的一舉一動，多半是受「感覺」影響，而非由理性主宰。創造性想像力也是如此，完全是由情緒來驅動，**而非冷冰冰的理智**。所有人類情緒之中，最強大的就是性激情。把所有其他刺激源全部加起來，驅動力都不及性慾。

刺激源能提高意念的振動頻率，影響力可能是暫時的，也可能永久維持。前面提過的十種刺激來源，是人類最常使用的，能幫助我們與無上智慧互相交融，或隨心所欲地進入自己或他人的潛意識，這就是**天才全部的**過程。

個人魅力的寶庫

有一位講師，曾經訓練及指導三萬多位從事業務員，他發現凡是傑出的業務員，不約而同都具有高度的性魅力。對於這種現象，他的解讀是「個人魅力」這種性格特質其實就是性能量的多寡。性能量高的人，個人魅力也比較強。這種能量可以培養，也可以學習，如果加以發揮運用，對於建立人際關係非常有利。將性能量傳達給別人，可以透過以下幾種媒介：

1. **握手**：接觸手部，能立即感受到一個人是否具有個人魅力。
2. **說話語調**：個人魅力或性能量，會讓說話的抑揚頓挫比較明顯，聲音也比較悅耳動聽。
3. **姿勢與體態**：性魅力較高的人，動作比較俐落靈巧，顯得優雅自如。
4. **意念的振動頻率**：具有成熟性特質的人，能把性激情與意念融合為一體，或是按照意願，融合自如，並對周遭的人發揮影響力。
5. **身體的修飾**：具有高度性特質的人，對個人外觀通常相當講究，會挑選適合的服飾風格，來襯托自身的個性、體型、膚色等等。

徵聘業務員的時候，經驗老到的銷售主管都會先觀察求職者的個人魅力，因為這是成功的業務應該具備的**首要條件**。性能量不足的人，不但自己無法變得熱情洋溢，也很難用熱情感染客戶。無論推銷的產品是什麼，熱情乃是銷售能力中最重要的成分。

無論身分是演說家、傳道者、律師或業務員，一旦缺乏性能量，就注定淪為「輸家」，無法對他人發揮影響力。此外，大部分的人都是透過訴諸情感，才能影響他們，因此業務員必須具備性能量，也就更形重要。銷售技巧超群的業務員，共同點就是他們在有意無意間，能將性能量**轉化爲銷售熱情**！這句話就是性慾轉化的最佳實例。

業務員如果懂得將心思從性慾的課題帶開，轉而思考該採用什麼推銷手法，將原本對性的熱情和執著，貫注在銷售行為上，他便掌握了性慾轉化的技巧了。絕大多數成功做到性慾轉化的業務員，都沒有意識到這個過程，也沒有察覺自己是怎麼做到的。

轉化性慾需要動用很強的意志力，超過一般人願意付出的心力。有些人一開始會感覺意志力不夠，無法順利完成性慾的轉化，但隨著時間過去，會慢慢開始熟練轉化的技巧。一旦成功，收到的成果絕對值得。

對於性慾的誤解

對於性慾這個主題，大多數人幾乎是一無所知。性衝動長期遭到誤解、汙名，因為人的無知與邪念而受到嘲弄譏笑，連「性」這個字都變成一種禁忌，被視為不入流。大家常用異樣的眼光看待具有性特質的「有福」男女（沒錯，性特質是上天的**祝福**），認為他們是危險人物。性特質不是祝福了，倒成了一種詛咒。

這種把性特質視為詛咒的錯誤觀念，讓許多人如今雖然生活在開明的年代，卻仍然感到自卑。肯定性能量的作用、視其為優點，並不是為了合理化放蕩的行為。**唯有**審慎且明智地利用，性能量才會是優點。如果遭到濫用，事實上濫用是普遍的現象，性能量不但不會滋養身心，反而會變成一種摧殘。因此，本章的主旨就是向大家說明，如何正確地運用性能量。

我分析成功的領導者，發現幾乎人人都以女性為靈感來源。對我來說，這項發現具有相當重大的意義。在許多案例中，這位「當事人的女主角」通常是妻子，性格謙遜、自我犧牲，而且鮮少聽說其人其事。有些案例中的繆思則是「其他女性」，這種故事說不定你也聽說過一二。

縱慾過度有害身體健康，就跟酗酒和暴飲暴食一樣。我們生活在以世界大戰揭開序幕的年代，性沉迷的現象並不少見。這也說明了為何偉大的領導者寥寥無幾。沒有人能夠在宣洩創造性想像力能量的同時，又利用這種能量。在運用性能量方面，人類是地球上唯一有能力違反自然規則的生物。除了人類以外，動物的性行為都有限度及目的，一切都符合自然法則。動物只會在「發情期」產生性慾；人類則時時都是「開放期」。

大家都知道，過度使用酒精和麻醉藥作為刺激，會損害包括大腦在內的重要身體器官。但有人或許不知道，縱慾的殺傷力其實也很高，對創造性能力的傷害，與毒品或酒精沒有兩樣。

性成癮在本質上與毒品成癮無異！兩者都會讓理性和意志力失控。性成癮不只對理性和意志力有損，也可能造成暫時或永久性的精神錯亂。醫療上有許多慮病症案例（亦即幻想自己罹患疾病），起因都源於對性真正的功能一無所知。

從這些簡要的描述可以看出，我們有必要學習性慾轉化的相關知識，否則一方面深受無知之害，另一方面也享受不到其所能帶來的巨大好處。

一般大眾普遍對性的議題無知，原因在於整體社會對此始終避而不談、諱莫如深。這種態度反而會引起年輕人的好奇心，越是禁止就越想嘗試，對「禁忌」議題想要一探究竟。此外，雖然立法機構與醫界一直努力，對年輕人進行性知識的教育，但相關資訊長期以來終究是流通不足，令人汗顏。

四十歲以後的黃金時期

無論從事哪一行，很少人在四十歲前，就達到創造力的高峰。平均來說，創造力的巔峰是在四十歲至六十歲之間。這個說法並不是隨便說說，而是分析了好幾千人的結果，男女皆有。這項結果對許多人來說，應該是很大的鼓舞，無論是沒能在四十歲前達成目標，或是忐忑於四十歲「熟齡」的逼近。在多數情況下，四十到五十歲這段時間，才是成果最豐碩的時期，因此我們不需要對邁入四十歲懷有恐懼，反而應該抱著欣喜與期待。

以上所言不假，回想一下幾位在美國家喻戶曉的成功人士就知道了。福特到了不惑之年，才慢慢站穩了腳跟，事業逐漸開花結果。卡內基也是努力了許久，直到五十幾歲，多年的耕耘才開始有了收穫。詹姆斯．希爾四十歲的時候還是名電報員，後來卻成了企業家，建立起幅員遼闊的鐵路帝國。美國實業家和金融的傳記中，都有類似的故事，證明四十歲到六十歲之間，才是一個人生產力最強的年紀。

三十歲到四十歲這段期間，人會開始學習（如果他學得會）性慾轉化的藝術。這門技巧通常是偶然間學會的，而且自己不會意識到。學會的人，可能會發現自己在三十五到四十歲左右忽然功力大增，只是自己不清楚是為什麼。自然開始在個體身上調和愛的感情與性的激情，合併起來形成強大的力量，激勵人採取行動。

啟動你的情緒發電廠

性慾本身就是激發行動的強大動力，但它的力量就像龍捲風——容易失去控制。假如用愛的情感予以調和，就能產生很好的結果，讓人維持穩定的目標、鎮重的態度、正確的判斷與身心的平衡。假如一個人活到了四十歲，還不能從經驗中體會到這些話的意義，他不是太不幸了嗎？

當一個男人單純受性慾的激情驅使，產生追求女性的渴望，他通常都能達到目的，成就一番大事業，但他的行動可能欠缺規劃、扭曲失衡，而且破壞力強大。當一個男人純粹受性慾的激情驅使，產生追求女性的渴望，他可能會偷盜欺騙，甚至殺人害命。但如果將性慾的激情與愛的感情融合，同一個男人的行為就會被導向明智、平衡、理性。

犯罪學家發現，女性**愛**有非常深遠的影響力，連窮凶極惡的罪犯都能感化。單憑性慾的影響，是無法讓罪犯改過自新的。這個事實大家都知道，但不見得明白背後的原因。改過自新需要的是**心靈**的力量或人的情緒面，而**不是**大腦或理性面。改過自新意味著「心靈的改變」，而不是「大腦的改變」。一個人為了避免不想面對的後果，可以用理性思考，改變某些特定行為。但唯有透過心靈的改變，才能達成**真正的自新**，這種心靈的改變也就是**渴望**去改變。

愛、浪漫與性慾等情緒都是強大的動力，能驅策人們攀上成就的高峰。愛的情感就像一道安全閥，能讓人保持平衡與沉穩，以及建設性的努力。這三種情緒結合在一起的時候，人就能提升到天才的境界。然而，也有一些天才是完全缺乏愛的情感，這種人大部分都難脫某種破壞行為，輕微一點就是行徑占人便宜、有失道義。這種人其實所在多有，企業與金融業都不乏這種類型的天才，靠著侵犯別人的權利來得到好處，沒有良知可言。

情緒是一種心智的狀態。自然賦予人類「心智的化學作用」，其運作方式跟物質的化學作用相當類似。大家都知道，有些元素本身並沒有毒性，但若以特定比例混合，就會產生致命的毒物。情緒也是如此，不同的情緒互相混雜，有可能導致嚴重的後果。性慾的激情與嫉妒摻雜在一起，可能會讓一個人變成瘋狂的禽獸。

人類心智出現一種或多種破壞性的情緒，透過心智的化學作用而產生毒害，讓人失去公平正義。在極端情況下，這些情緒的混和作用更會使人理性全失。

通往天才之路，包含了發展、自制，以及運用性慾、愛與浪漫。整個過程簡單來說是這樣：

設法激發性慾、愛與浪漫這三種情緒，讓一個人的心智由這些意念主宰，同時盡可能減少破壞性的情緒。心智是習慣的產物。心智是由主宰的意念所滋養，加以驅動。一個人可以透過意志力削弱任何一種情緒，並激發另一種情緒。也可以運用意志力來控制心智，這並不困難。控制來自於毅力與習慣，祕訣就是要瞭解如何轉化。只要內心一出現負面情緒，都能按照改變意念的步驟，將之轉化成正面或建設性的情緒。

通往天才之路，唯一的途徑就是自發地努力！單憑性慾的驅動力，的確能讓人達成非凡的成就，但歷史上有很多證據顯示，這種人往往也具有某些性格缺陷，導致留不住財富，或是無法享受財富。這種現象很值得分析與深思，它道出了某種真理，瞭解這項道理的人都能受益無窮，無論男女皆然。如果不明白這項道理，即使擁有了財富，也永遠失去了**快樂**的特權。

愛的情感與性慾的激情，會影響人的五官相貌。此外，只要仔細觀察，這種特徵是肉眼可見的。以性慾渴望為本，受激情風暴所驅動的人，從眼神與臉部線條就看得出來。當性激情融合了愛的情感，臉部表情則會顯得柔和、美麗。這不需要人格分析專家才看得出來，每個人其實都有這種能力觀察。

愛的情感會激發出人內在的藝術與美感本質，並加以發展。它會在靈魂上留下痕跡，即使時移勢易，也不會輕易磨滅。

愛的記憶永遠不會消失，即使刺激愛意的來源消散了，記憶還是會長久留存下來，影響並引導著一個人。這其實不是新聞了。任何感受過**真愛**的人，都能體會其影響力恆久長遠，因為愛是靈性的。一個人如果感受不到愛的驅策還無所成就，那就無望了——他雖生猶死，徒留空殼。

即使只是想到愛的記憶，就足以提升人的創造性能力。愛的主要能量或許會逐漸減弱，乃至於消失，就像火堆終究有燒盡的時候；但愛會留下無可抹滅的印記，證明它曾經存在過。愛的消逝，對心靈反而是種鍛鍊，準備好迎接更強大的愛。

偶爾花點時間回想往事，用美好的回憶洗滌你的心智，重溫逝去之愛的感受。這麼做可以緩和當下的不愉快，暫脫現實生活的煩悶憂慮。說不定，就在你暫時躲進幻想世界的時候，突然間福至心靈、妙計頓生，從此徹底改變你的財務情況，甚至是人生的靈性狀態。

如果你因為「曾經得到愛，但又失去所愛」而自覺不幸，請丟掉這種想法。真正愛過的人，是不可能完全失去的。愛，變化多端、來去無常，往往只是短暫停佇，不可久留。因此，當愛存在時全心沉浸、享受其中便是，不要浪費時間患得患失，擔心愛會消逝。憂慮於事無補，消逝的愛不會因此就回來。

也不用忐忑不安，覺得萬一沒有把握住愛，此生便再無機會。人的一生當中，愛會來來去去，但每一次愛的體驗都會留下不同的影響。或許其中某一段愛的確讓人感受特別深刻，但每一段愛其實都會為自己帶來收穫。只要別為了愛的逝去而耿耿於懷、心懷怨忿，愛的體驗只有好處，沒有壞處。

如果人們瞭解愛與性之間的差別，人就不會對愛失望。愛與性兩者最大的差異，在於愛屬於靈性層面，而性則是生理層面。除了無知或嫉妒會傷人，任何以靈性力量觸及人類內心的經驗，都不可能有害。

愛，無疑是人生中最重大的體驗。它讓一個人可以向無上智慧交流。當愛融合了性慾的激情以及浪漫的感受，能引導人走向創造性想像力的高峰。愛的情感、性的激情以及浪漫的感受，是造就天才偉業的金三角。

愛的情感有許多種類，就跟顏色一樣，有濃淡深淺的不同。對戀人的愛與對父母、對孩子的愛，感受是不一樣的。對戀人的愛融合了性慾，對父母與孩子則無。

至於真誠的友誼之愛又是另一種感覺，但同樣也是愛的一種形式。

此外，人類也會對無生命的物體生出愛的情感，例如大自然的鬼斧神工，總能讓人發自內心的敬畏讚嘆。但許許多多愛的種類之中，最濃厚且熱烈的還是與性激情交融的愛。一段快樂而長久的婚姻，必定存在著恆久綿長的愛，並以性來平衡與調和；若非如此，很快就會無以為繼。只有愛或只有性，都不會是幸福的婚姻。愛與性兩者交融的婚姻所帶來的心智狀態，是地球上已知最接近靈性的狀態。

如果再把浪漫感受加入愛與性之中，就能去除人類有限的心智與無上智慧之間的障礙。天才就是如此誕生！

這是一個多麼不同的故事，不同於那些通常與性激情相關的故事。這種情感將它從平凡中提升了，變成了上帝手中的陶土，祂從中塑造了所有美麗和鼓舞人心的東西。婚姻中的爭執不合，或可用這個角度來解釋。婚姻不和諧，常會以絮叨不休的方式來表現，追根究柢是對性課題**缺乏知識**。如果對愛、性與浪漫的情緒功能有正確的認識，配偶之間便能擁有合諧的關係。

一個女人若是明白愛、性與浪漫之間的關聯性，那麼她的丈夫就是幸運的男人。只要受這種神聖三位組合所驅動，就不會對任何責任或勞動引以為苦，因為即使是最低層次的勞動形式，也是基於愛的勞動本質而產生。

「妻子可以成就丈夫，也可以毀了丈夫。」這句諺語大家都耳熟能詳，卻不知其因。「成就」還是「毀滅」，其實就是妻子能否理解愛、性與浪漫這三種情緒的結果。

儘管尋求一夫多妻是男人的生物天性，但妻子對丈夫的影響力非常重大，遠超過任何女性；除非他娶了完全不適合他本性的女人為妻。一個女人如果讓丈夫對自己失去熱情，轉對另一位女性感興趣，通常是起因於她對性、愛與浪漫等課題的無知或漠視；當然，前提是夫妻之間曾經存有一份真愛。同樣的道理，讓妻子對自己失去興趣的男人也是如此。

夫妻之間為瑣事爭執，是婚姻中常有的事。仔細分析就會發現，真正的原因都是因為不在乎或不瞭解性、愛與浪漫的課題。

取悅女性的渴望，是男人最大的內在動力！文明出現前的史前時代，男人狩獵時種種奮勇的表現，追根究柢，正是為了在女人眼中顯得耀眼出眾。而現代「獵人」帶回家的戰利品不再是動物毛皮，改成華服名車、金錢財富。無論生活在遠古還是現代，男人取悅女性的渴望始終沒有變過。唯一改變的只有取悅的方式而已，錢財也好、名聲成就也好，都是出於這種**取悅女性的渴望**。對大部分男性來說，人生若缺少了女性的存在，再怎麼豐厚的財富也了無意義。**男人天生有取悅女性的渴望，這就是女性之所以能夠成就男人、也能毀滅男人的原因。**

女性只要瞭解了男人的天性，並能圓融地迎合這種需求，那麼就不需要擔心地位受到其他女性的威脅。男人與同性打交道的時候，或許是不屈不撓的「巨人」；但在面對喜歡的女性時，卻會心甘情願地自動任她擺布。

多數男人都不願承認自己其實容易受女人操縱，因為男人天性就是想成為兩性之中居於主導的一方。聰明的女性懂得讚賞這種「男性特質」，不會試圖與對方爭辯。

有些男人則自知深受幾位特定的女性影響，包括自己所選的妻子、情人，以及母親與姊妹，但他們不會抗拒這種影響，因為他們知道**人生的快樂與完整，深**

受那位「對的女人」之影響。反之，無法體認這個道理的男人，便錯失了成就自己最大的力量，這可是比其他所有力量的加總還要更加強大。

第 12 章

潛意識

{成功致富法則之十一}

建立連結的方法

潛意識是一個由意識所組成的領域，每個藉由五感抵達意識的意念振動，都會被歸類和記錄，以備日後被喚醒或提取，產生出意念，就好像是信件歸檔入檔案櫃後可以再拿出來。

任何感知的印象或意念，不論其性質為何，潛意識都會照單全收，並將其歸檔。你可以自發地將任何你想要的計畫、意念或目標植入潛意識，以便將你的渴望轉化為相應的物質或金錢實相。潛意識會優先執行最融入某種情緒感覺（例如信念）的中心渴望。

將這一點和第二章〈渴望〉的六個步驟與第七章〈有組織的計畫〉的指示，合併起來一起看，你就會瞭解傳給潛意識的意念有多重要了。

潛意識不分日夜隨時都在運作。透過一種人們不知道的方法，潛意識可以汲取無上智慧的力量，運用最實際有效而能夠達成目標的媒介，自動將一個人的渴望轉化為相應的實相。

你沒辦法**完全**地控制自己的潛意識，但是你可以自發地將任何你想要轉化為相應實相的計畫、渴望或目標傳給潛意識。請再重讀一次第四章〈自我暗示〉運用潛意識的方法。

有豐富的證據能夠證實，潛意識是人類有限心智和無上智慧之間的連結。一個人可以透過潛意識的媒介，自由取用無上智慧的力量。潛意識本身包含了一個祕密的過程，可以改變意念衝動，將其轉化為相應的實相。潛意識本身也可以作為一種媒介，將人類的禱告傳到能夠回應禱告的力量源頭。

如何激發潛意識的創造力

連結潛意識，能夠產生的創造性力量，是驚人且無法計算的。這些力量令人敬畏、鼓舞人心。

每當談到潛意識，我總覺得自己渺小而謙卑，也許是因為人類對潛意識的整體知識少得可憐。潛意識可以作為人類心智和無上智慧之間的媒介，這個精確的事實卻癱瘓了人類的理性。

然而，當你將接受潛意識存在的事實，瞭解潛意識擁有的可能性，以及潛意識可以作為媒介，能將你的**渴望**轉化為相應的物質或金錢實相，在這之後，你將會充分明白第二章〈渴望〉所給你的指引有多麼重要了。你也將會明白，為什麼本書一再重複提醒你，**你的渴望必須清楚明確，並且簡化成文字寫下**。再者，你也將會明白，以**毅力**實踐這些指示的必要性。

本書十三條成功致富法則，都是激勵你培養進入潛意識、影響潛意識的能力。如果第一次練習失敗了，請不要氣餒。記住，只能透過在第三章〈信念〉的指示，藉由**養成習慣**，才能隨心所欲地引導潛意識。你目前可能還沒有足夠的時間建立**信念**。請保持耐心，發揮毅力。

為了幫助你從潛意識受惠，這裡會重複提起第三章〈信念〉和第四章〈自我暗示〉的內容。記住，**無論你是否試圖影響潛意識**，潛意識都會自動運作。這點自然也是在暗示你，恐懼、貧窮，以及所有負面的意念，都會為潛意識帶來刺激，**除非**你能掌控這些衝動，並提供潛意識更適合吸收的正向刺激。

潛意識一刻也閒不下來！如果你無法將**渴望**植入潛意識，你**疏忽的結果**就是潛意識會接收其他意念。我們已經說明了，不論是正面或負面的意念振動，都會透過第十一章〈性慾轉化的奧祕〉提到的四種來源，不斷地傳到潛意識。

現在你只要記得就夠了：你在**日常**生活中，不斷產生各種意念衝動，不知不覺地傳到潛意識。這些意念衝動有的負面，有的正面。你現在必須試著協助關閉負面意念衝動之流，並透過**渴望**的正面意念衝動，自動地影響潛意識。

當你可以做到這點，你就將擁有打開潛意識大門的鑰匙。此外，你將可以完全控制這道門，不讓任何不受歡迎的意念衝動影響你的潛意識。

人創造的所有事物，最初都是從一種意念衝動的形式**開始**。如果無法收到**意念**，人就無法創造任何事物。藉由想像力的幫助，意念衝動可以集結為計畫。駕馭想像力，就能打造計畫或目標，讓你在所選的事業中獲得成功。

所有意圖轉化為相應實相的意念衝動，都必須透過想像力融入信念。**只有透過想像力**，才能將信念融入計畫或目標，進入潛意識。

從以上說明，你已注意到，想要自主操控潛意識，需要所有法則的協調及應用。

美國作家暨詩人艾拉．惠勒．威爾考克斯基於對潛意識力量的瞭解，寫下了如下的佐證：

你絕對無法判別意念將會如何運作，
它會帶給你愛或恨——
因爲意念是眞的，
它們有對能翱翔天際的翅膀，
飛得比信鴿更快。
它們遵循宇宙法則——

一一創造自己的族類，
而從你內心所發出的意念，
正在快速回到你身上的路途中。

威爾考克斯女士瞭解一項事實：來自一個人內心的意念，同時也深藏在他的潛意識之中；意念就好像是一塊磁鐵、一個模板或一份藍圖，被影響的潛意識會將意念轉化為相應的實相。意念是實實在在的事物，因為所有物質材料最初都是以意念的能量形態存在。

融入「感覺」或情緒的意念振動，比純粹出自理性的意念，更容易影響潛意識。事實上有許多證據支持一項理論：**唯有**賦予情感的意念，才會**啓動**潛意識。眾所周知，情緒或感覺主宰了大部分的人類行為。如果與情緒充分融合的意念衝動會得到潛意識較快的回應，也較能影響潛意識，那麼我們就必須熟悉幾種重要的情緒。主要的正面情緒和負面情緒各有七種。負面情緒會**自動地**進入意念振動，確保會被傳到潛意識。正面情緒則必須藉由自我暗示的法則，注入你想要傳給潛意識的意念衝動。（相關指示請看第四章〈自我暗示〉。）

這些情緒或感覺衝動，就像是讓麵包發酵的酵母菌，含有**起作用**的成分，能將意念衝動從被動的狀態轉為活躍的狀態。如此可以理解，為什麼相較於「冷酷的理性」，融入情緒的意念振動，會更容易引起潛意識的反應。

善用正面情緒，遠離負面情緒

你正做好準備，要影響並控制你潛意識裡的「內在聽眾」，將對金錢的**渴望**交付給它，將你的願望轉化為相應的金錢實相。因此，瞭解接近這位「內在聽眾」的方法是必要的功課。你必須使用它的語言，不然它不會聽從你的要求。而它最能理解的語言就是情緒或感覺。因此，就讓我們介紹七種主要的正面情緒和七種主要的負面情緒，讓你向潛意識下達指令時，能善用正面情緒，遠離負面情緒。

七種主要的正面情緒

渴望、信念、愛、性、熱忱、浪漫、希望，是七種主要的正面情緒。

當然還有其他的正面情緒，不過上述七種是力量最強大的，也最常用在創造性工作上。掌握了這七種情緒（唯有多**用**，才能精熟），其他的正面情緒就會在你需要時，聽從你的指揮。記住這個連結：你正在研讀的這本書，就是要幫你**滋養正面情緒，以便培養「金錢意識」**。如果一個人內心充滿負面的情緒，他就無法擁有金錢意識。

七項主要的負面情緒

恐懼、嫉妒、憎恨、報復、貪婪、迷信、憤怒，是七種要避免的主要負面情緒。

正面和負面情緒無法同時占據人心。兩種只能擇一成為主宰。你的責任就是，確認讓正面情緒主宰你的心智。這裡能幫助你的就是**習慣**法則，養成運用正面情緒的習慣！最終，它們就會完全主宰你的心智，任何負面情緒都**無法入侵**。

只要正確且持續地遵循這些指示，持之以恆，你就能掌控潛意識。你的意識只要出現任何一點負面情緒，就足以**摧毀**所有來自潛意識的建設性幫助。

如果你是一個觀察敏銳的人，一定已經發現大多數人**只有失敗**才會禱告！不然，就是禱告流於形式，只是口中念念有詞。因為大多數人是在**失敗後無計可施時**才會禱告，他們禱告時內心充滿恐懼和**懷疑**，**潛意識就會依照這種情緒運作**，然後傳給無上智慧。於是同樣地，無上智慧就會收到這樣的情緒，據此**回應**。

如果你祈求一件事物，但禱告時心懷恐懼，那你可能就無法如願，或者你的禱告無法讓無上智慧回應你，所以你的禱告當然**徒勞無功**。

有時候，祈禱是真的能夠實現一個人的願望。如果你曾經有過這樣的經驗，請回憶一下，重新喚出當時祈禱時實際的**心智狀態**，你就明白這裡所說的原理，並不僅只是一項理論。

會有那麼一天，國內各級學校和教育機構將會教導「科學的禱告」。此外，那時禱告也許將會被歸為一門科學。當那天到來時（只要人類準備好接受，並提出要求），沒有人是以恐懼的狀態接近**宇宙心智**，因為屆時已經沒有恐懼的情緒了。無知、迷信，以及錯誤的教學都將消失了，人們能以真實的狀態成為無上智慧的子民。少數人已經得到這樣的祝福。

如果你認為這樣的布道理論有點牽強附會，請回溯一下人類的歷史。不到一百年前，人類還相信閃電打雷是上帝在發怒，感到恐懼。如今，感謝**信念**的力量，人類已經懂得利用閃電，將其轉化為推動工業化巨輪的動力。不到一百年前，人類還相信行星之間的太空是一無所有的真空，是死亡虛無的延伸。如今，同樣感謝**信念**的力量，人類已經瞭解太空並非虛無死亡或空無一物，行星之間的太空是活力十足的，充滿其間的是目前已知最高階的能量振動形式（或許除了**意念**振動之外）。此外，人們也瞭解這股生氣勃勃的振動能量，存在於物質的原子之間，瀰漫在太空的每個角落，能夠讓每個人的大腦彼此連結。

人類有什麼理由相信，人類大腦無法使用同一股能量連結上無上智慧？

人類有限的心智和無上智慧之間，並不存在需要收費的通行關卡。溝通要付出的代價，除了**耐心**、**信念**、**毅力**、**理解**，以及**衷心的渴望**以外，別無其他。此外，這個方法只有自己才能做到。需要付費的禱告一文不值。無上智慧不會透過任何代理者進行買賣。你只能靠自己直接連結，或是無法連上。

你可以去買一本禱告書，照著重複念誦，但可能一直到大難臨頭，還是得不到任何幫助。你希望和無上智慧溝通的意念，只能經歷轉化，這只能透過你自己的潛意識。

你和無上智慧溝通的方式，和聲音振動透過廣播發送非常相似。如果你瞭解廣播運作的原理，當然會明白聲音必須「提升」到人耳聽不到的振動頻率，才有辦法透過以太傳送。廣播電台會在收到人類的聲音後，加以「擾亂」，將振動頻率提升到數百萬次。唯有如此，聲音的振動才能夠透過以太傳送。經過這項轉化，以太就可以「收」到聲音能量（也就是原始的聲音振動形式），將其傳到廣播接收站，再由接收站將聲音能量「減弱」到原來的振動頻率，成為人類能夠辨識的聲音。

潛意識就是一個媒介，它會將禱念轉化為無上智慧能夠辨識的形式，傳達訊息，之後再傳來回應，幫助他實現目標所需的明確計畫或想法。瞭解這項原理後，你就會知道為什麼只是看著禱告書照念，不能見效，也不會有用，因為這樣做無法成為人類心智和無上智慧之間的溝通媒介。

在你的禱告可以傳到無上智慧之前（這只是我的理論說明），它可能會先從最初的意念振動轉化為靈性的振動。信念則是唯一能賦予意念靈性的已知媒介。**信念**和**恐懼**形同水火，**兩者只能存其一**。

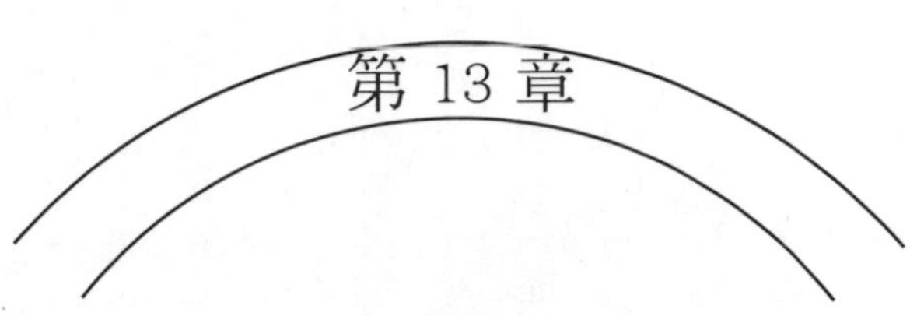

第 13 章

大腦

{成功致富法則之十二}

意念的收發站

二十多年前，我曾與電話發明家貝爾以及亞默．蓋茨博士合作，發現了每個人的大腦都是一個收發站，能夠接收及發送意念的振動。

意念振動透過以太的收發方式，原則上與無線電廣播類似，每個人的大腦都能接收其他大腦所發出的意念振動。

請你將上述內容，與第六章〈想像力〉介紹的創造性想像力，放在一起比對、思考。我們的創造性想像力，就好比是大腦的「接收站」，它能夠接收其他大腦所發出的意念。一個人的意識或者理性的心智，是透過創造性想像力為媒介，接受意念刺激的四個源頭。

當受到刺激，或是振動頻率被「提升」時，心智就變得更容易接收來自外部來源的意念振動。「提升」振動頻率的辦法，就是透過正面或負面的情緒。透過情緒，意念振動能加以提升。

唯一能由大腦接收，藉由以太發送到另一個大腦的振動，必須是極高頻率的振動。意念以極高速振動的形式傳導。透過增強或由任何主要情緒「提升」的意念，其振動頻率都比一般意念的振動頻率更高，正是這種高度的振動才能透過大腦發送站來傳送，而被其他大腦接收。

所有的人類情緒之中，性激情的強度和驅動力當數首位。大腦受到性激情驅動後，其振動頻率遠比一般平靜時更高。

性慾轉化的結果，可以提升意念振動的速度，使創造性想像力成為高強度的想法接收器，能接收來自以太的意念。另一方面，當大腦的振動頻率極高時，不僅會透過以太吸引其他大腦所釋放的想法，更重要的是，也讓我們對自己的意念更有「感覺」，如此一來，潛意識將能收得到那些意念，並給予回應。

因此，你將會發現，收發站機制是你將融入感覺或情緒的意念傳給潛意識的重要因素。

我們的潛意識是大腦的「發送站」，能傳播意念的振動。創造性想像力則是「接收站」，能透過以太接收意念的振動。

現在請你將潛意識的幾項要件、具備心智收發機制的創造性想像力，以及自我暗示法則放在一起思考，你就會發現，自我暗示是你操作「收發站」的關鍵媒介。

根據第四章〈自我暗示〉提過的指示，你已經很清楚知道將**渴望**轉化為相應的金錢實相的方法。

要操作你的心智「收發站」，其實是相對簡單的。你只要將三個原則牢記於心，當你想要使用你的收發站時，加以應用即可；這三個原則就是：**潛意識**、**創**

造性想像力、**自我暗示**。至於，促使你將這三大原則付諸行動的方法，也已經介紹過了：由**渴望**開始啟動的過程。

最強大的力量是無形的

經濟大蕭條幾乎讓世界明白，原來最強大的力量是無形且看不見的。在過去的日子裡，人們太過依賴生理感官，將知識侷限在一切看得見、摸得到、能測量及可以記量的具體事物。

我們現在正進入歷史上最不可思議的時代，在這個時代，我們將會習得周遭世界所蘊藏的無形力量。或許我們經歷這個時代，能夠發現原來「另一個自我」遠比我們照鏡子時所看見的肉體自我來得更強大。

有時，人們輕視這些無形的事物——無法透過五感所察覺的事物，而當我們聽到這樣的言論時，該銘記在心的是，**我們所有人都受到看不見的無形力量所控制**。

全人類都沒有能力去對抗蘊藏在大海海浪中的無形力量，更別說控制了。人類的能力沒辦法理解無形的重力，它既使地球漂浮在宇宙之中，又能讓人類不會掉出地球之外，人類無法控制重力。面對暴風雨的無形力量，人類只能屈服。面對電力的無形力量，人類一樣無助——甚至還摸不清到底什麼是電、電從哪裡來、或是電的目的為何！

人類對於看不見的無形力量，顯現的無知不僅止於此。人類也不瞭解蘊藏在大地土壤中的無形力量（及智慧）——**這股力量提供了人類衣食溫飽，以及他口袋裡的每一塊錢**。

大腦驚人的事實

任憑人類再怎麼以悠久的文化和學識自豪，人類對**意念**的無形力量（這也是所有無形力量中最強的）仍所知甚少，而過去人類對自己的大腦一無所知，並不明白大腦複雜的網絡結構能將無形的意念轉化為相應的實相。然而現在的時代或許會開始啟蒙這一點。目前科學家已經開始研究這個驚人的大腦，儘管研究仍在初期階段，卻已經對大腦累積了足夠的知識，已經瞭解大腦是掌握人類指令的中心，其連結腦細胞的神經網絡是一後方加上一千五百萬個零！

神經學博士查爾斯．賈德森．赫里克曾說過：「這個數字高得嚇人，就連能夠處理天文數字的光年單位，在它面前都顯得微不足道。目前已經確定，在人類的大腦皮層裡有一百億到一百四十億個神經細胞，已知這些細胞是按照特定模式的排列，而非隨意。在電生理學的最新研究技術中，已能精確定位細胞或是帶有微電極的纖維，分離流動的電流，並進一步將這些電流放大，最後記錄下這些電流潛在的差異，差異度小至百萬分之一伏特！」

要去相信一個內部網絡如此精密的大腦，僅只是為了負責人類身體的成長和管理而存在，實在是很難讓人信服。而有沒有可能這套系統除了能提供了腦中數十億細胞連結溝通之外，也能作為與其他無形力量溝通的媒介呢？

在這本書的草稿完成後，在送往出版社之前，美國《紐約時報》發表了一篇社論，內容顯示至少有一位頂尖大學及一位研究心靈現象的專家，目前正進行一項嚴謹的研究，得出的結論都與本書中本章〈大腦〉及下一章〈第六感〉所提相符。這篇社論簡要地分析了這項由美國超心理學家萊恩博士及杜克大學同仁的研究，名為〈何謂心電感應？〉，以下為內容原文：

何謂心電感應？

一個月前，我們在本頁引用了部分由萊恩博士及他在杜克大學的同仁們，爲確定「心電感應」及「透視」是否存在，進行了十萬次以上的測試，所得到的驚人研究成果。這些研究摘要刊登在《哈潑雜誌》的頭兩篇文章裡。其中第二篇文章，作者E. H.萊特試著總結這些「超感官」的認知模式，並提供合理的推論。

並且由於萊恩博士的實驗結果，讓許多科學家認爲極可能有心電感應和透視能力的存在。，在一場實驗中，有許多位超感知者，被要求在不能以任何方式或已知感知來查看卡牌的情況下，說出那些卡牌上的圖案，結果有大約二十幾個超感知者常常能正確地說出卡牌上的圖案，「要靠運氣或矇對的機會只有幾百萬分之一」。

他們到底是如何做到的？假設這些不知名的力量確實存在的話，那麼它們似乎並不屬於感官方面，因爲並沒有任何已知的器官具有這些力量。並且就算在紙牌的幾百里之外進行實驗的結果，也是相同的。根據萊特的看法，這些事實並不能用物理學的放射理論來解釋這些心電感應或透視的能力，因爲所有的放射能量都會隨著放射距離的增加而遞減。心電感應或透視雖絲毫不受距離所影響。然而心電感應或透視，卻會如同我們其他的精神力量般，受到一些生理因素所影響。但與大多數看法相反的是，心電感應或透視的能力並不會在超感知者處於睡眠或半夢半醒之間的狀態時增強，反而是在他們最清醒且感知最靈敏的時候，效果最好。萊恩博士也發現，超感知者會因爲安眠藥的藥效而降低超感知能力，但卻能透過興奮劑的藥效來提升其能力。超感知者必須得自己使盡全力，才能在超感知的測試中取得好成績。

萊特相當有自信的結論之一是，心電感應和透視其實是同一種天賦，也就是說能「看見」蓋住的卡牌，以及能夠「讀取」他人心中的意念，都是源自同一種能力。有許多證據能支持這個結論，例如在所有的超感知者中，只要具備其中一項能力，也必定具備另一項。並且到目前爲止，任何人身上的這兩項能力，強度都會是一樣的，不論是隔著屏風或牆壁，甚至是拉開距離，他們的能力都不會受到影響。萊特從這個結論進一步推論，認爲屬於「直覺」的其他超感知力，包括預知夢或預知災難等等，都可能是源於同一種能力。上述所言，讀者可自行選擇要不要採信，但無論如何，萊恩所發現的種種證據必定是不可忽視的。

有鑑於萊恩博士的宣布，他認為大腦在特定情況下會對他所謂的「超感官」有所反應，我非常榮幸能進一步補充他的論述，因為我和同事們已經發現了人在特定的理想情況下能夠刺激第六感，進而實際運作，這將在下一章節提及。

我提到的情況是指我和兩名同事之間的緊密合作，透過實驗和實踐，我們已經發現能激盪我們三人意念的方法（透過應用在下一章〈第六感〉提及的「隱形顧問」原則），而如此一來，我們就能將三人的意念合而為一，並為我們的客戶所提出的個人問題，找到各種各樣的解決辦法。

方法非常簡單。我們坐在會議桌前，清楚描述目前正在思考的問題，隨後開始討論，每位成員提供任何心中出現的想法。這個腦力激盪方法神奇之處在於，它讓每位成員都能與超出自己經驗之外的未知知識來源進行交流。

如果你理解第十章「智囊團」所提及的法則，想必你應該看得出我們三人之間的圓桌會議就是應用智囊團法則最簡單且最實際的方式。

只要遵循上述的方式，採用類似的計畫，任何讀這本書的人都能享有〈作者序〉提過的卡內基成功法則。如果目前你還不能理解箇中道理，請在這頁做個標記，在你讀完最後一章後，再回來讀一次。

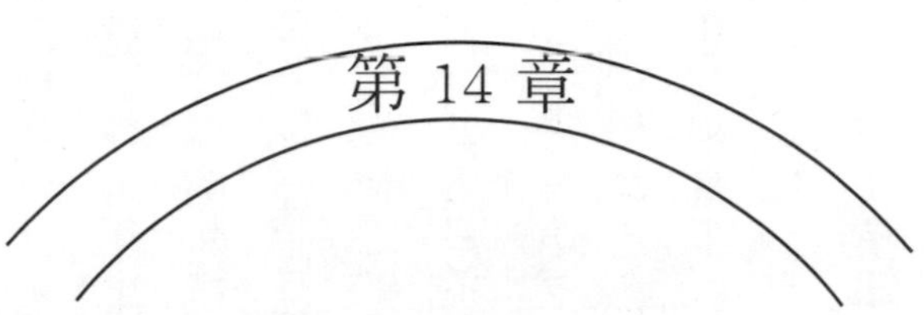

第 14 章

第六感

{成功致富法則之十三}

通往智慧殿堂之門

第「十三項」法則就是所謂的「**第六感**」。透過第六感，**無上智慧**就能自動與個體產生連結、進行溝通，而且過程輕而易舉，得來全不費工夫。

第六感法則是本書這套原則中最艱深、也最重要的精華所在。唯有先將前面十二項法則都掌握住了，才有可能吸收理解第六感法則，並加以應用。

第六感也就是創造性想像力，是潛意識的一部分。它就像一具「接收器」，把各式各樣閃現的想法、計畫或意念，接收進內心。這種「靈光乍現」的時刻，通常會被稱為「直覺」或「靈感」。

第六感很難用言語具體形容！唯有先充分掌握了其他法則，才有足夠的知識與經驗來體會第六感的運作方法。要理解第六感，唯一的途徑是透過冥想，**由內而外**地開展心智。第六感是有限心智與無上智慧接壤的媒介，**它兼具了心智與靈性的特質**。一般認為，第六感就是人類心智與宇宙心智的接點。

這聽起來相當不可思議，但若精通了本書的法則後就會發現，這件事情真的存在，確然無疑：

第六感能讓人預知危險、提早避開，也能在機會來臨前早一步感應，因而得以及時把握。

第六感就像一位「守護天使」，對你伸援、聽命於你，時時刻刻為你打開通往「智慧殿堂」之門。

這種說法到底是否為真，只能靠你親自驗證，按照本書所述一步步地實踐。

我並不相信有「奇蹟」，因為我對大自然有深刻的理解，知道大自然**絕對不會違背其法則**。只不過有些法則祕奧難解，所以產生的現象看起來像是「奇蹟」。在我各式各樣的人生經驗中，第六感是最接近「奇蹟」的東西，但這並不代表它真的無邏輯可循，只是我不全然瞭解其運作方式罷了。

我所知道的是：宇宙中有一股能量、至高無上的存在，或說一種智慧，它滲透在世間萬物的寸縷之中，緊緊環繞著人類所能察覺到的每一種力量。這個無上智慧能將橡實化為橡樹、讓百川流向大海，繼黑夜以白日、換嚴冬以炎夏，四時有序，萬物各安其位。運用這套哲學的法則，能引導無上智慧發揮力量，將**渴望**轉化成具體或金錢的實相。我深明此事，不只因我曾做過實驗，更因為我**親身經歷**過，深刻瞭解箇中的滋味。

你已經一步步走過前面幾章，來到了最後一項法則。如果你已經確實掌握了前十二項法則，那麼最後這一項應該**毫無疑問地**接受。反之，如果你還沒學會那些法則，請務必回過頭徹底地理解。唯有如此，你才會有能力判斷這一章說的到底是真是假。

當我正值所謂「英雄崇拜」的年紀時，很喜歡模仿那些我所欣賞的人物。模仿偶像的過程中，我發現**信念**發揮了極大作用，幫助我成功學習到他們的特質。

雖然早已過了英雄崇拜的年齡，但我從未真的捨去見賢思齊的習慣。經驗告訴我，身為偉人固然極好，而我卻做不到，不過模仿偉人是僅次的美事，無論在感覺上或行為上，都要讓自己盡量貼近偉大的人。

早在我嘗試寫作出書或進行任何公開演講之前，我便已養成自主重塑性格的習慣，方法是模仿生平與成就最讓我最佩服的九位人物，他們分別是愛默生、潘恩（譯註：美國政治家與思想家）、愛迪生、達爾文、林肯、貝本（譯註：美國園藝學家）、拿破崙、福特、卡內基。有好幾年時間，每天晚上我都會想像和這群人聚首開會，稱他們是我「隱形顧問」。

會議的流程這樣：每天晚上就寢前，我會閉上眼睛，想像這群人跟我一起在會議桌旁坐下。我不僅有機會可以和這群卓越的人士同席，我還擔任會議主席，可以主導討論如何進行。

這一場場思緒奔馳的晚間會議，我都有非常**明確的目標**：我要重塑自身性格，融合這幾位隱形顧問的人格特質，成為一個新的我。我在人生的早年，就意識到自己肩負著使命，必須在充斥著無知與迷信的環境中，克服先天障礙所帶來的種種困難。因此，我刻意給自己出了一項功課，用下述方式來自我重塑。

運用自我暗示建立性格

研究心理學多年，我深知一個人對外呈現出的樣子，取決於內心的**核心意念與渴望**。我知道，深植於內心的渴望一定會驅使人尋找向外表達的途徑，讓渴望成為實相。我也知道，自我暗示是打造性格極為有效的方式，甚至可以說是唯一的方式。

由於我有這些心智運作法則的知識，所以我知道怎麼重塑自己的人格。在這些與想像的顧問開會時，我會請每個人傳授給我想要的知識。我會對每個人說話，而且真的說出聲來：

愛默生先生，您對自然的理解如此透徹，因此擁有了卓越的人生。請將這份對自然的體悟傳授於我。請把您擁有的特質貫注在我的潛意識中，讓我對自然法則也能有所瞭解、適應良好。請幫助我探得所有知識，來達成理解自然的目的。

貝本先生，您從事植物育種，卓然有成。無論是改良仙人掌，讓其無刺、可食用，還是多彩燦爛的花卉混種，都來自於您對自然深刻的瞭解，請傳授我調和自然法則的知識。

拿破崙先生，我希望向您學習如何鼓舞人心、激勵士氣，成爲支持別人的力量，喚醒他們的行動力。我也希望習得您不屈不撓的**信念**，正是這股信念讓您得以化失敗爲成功、克服了種種巨大的艱險。您是掌控命運的王者，請容我向您致敬！

潘恩先生，我想學習您的勇氣、清明與思想的自由。正是憑著這些特質，您能爲自己的信念發聲，成就了超群非凡的一生！

達爾文先生，我希望效法您在自然科學領域中展現的精神，擁有無比的耐性，以及不帶偏見、探究眞理的能力。

林肯先生，我渴望打造自己，成爲有正義感的人，還要具備百折不撓的耐力、幽默感，以及人性的慈悲與寬容，這些都是您所展現的特質。

卡內基先生，我對您滿懷感激，您影響了我所走上的生命之旅，爲我帶來巨大的快樂與心靈的平靜。您打造了龐大的工業版圖，這份成就的背後是**有系統的努力**，我希望向您學習那些原則。

福特先生，在我撰寫成功學的過程，您的人生故事一直是最重要的範例來源。您用毅力、決心、沉穩與自信，戰勝了貧窮，並組織、團結及簡化了人類的工作。我希望向您學習這些特質，讓我能幫助他人，循著您的足跡前進。

愛迪生先生，我請您坐在緊鄰我右手邊的位置，因爲在研究成功學的過程中，您親自給予了我莫大的助益。您始終心懷**信念**，由此揭開了許多自然的奧祕；也有不辭辛勞的精神，因此總能轉敗爲勝。我希望能向您學習，獲得這些特質。

在不同時期，我最想獲得的特質會有所變化，向想像的顧問成員說的話也會隨之變動。我下過很大的工夫，瞭解他們的生平故事。這種晚間會議舉行了數月之後，發生了令我震驚的現象，我發現這些人物似乎從想像走進了現實，活生生地在我眼前現身。

這九位人物各自發展出鮮明的個性。例如，林肯總是姍姍來遲，到場之後，就在四處緩緩踱步。他的步伐很慢，雙手交握於身後，走著走著偶爾會停下腳步，把手放在我的肩膀上。他總是面帶嚴肅，很少看見他笑。南北分裂、國事如麻，似乎令他心情沉重，歡快不起來。

其他人就不一樣了。貝本和潘恩總是妙語如珠，有時甚至語不驚人死不休。

有一晚，潘恩提議我以「理性的時代」為題發表看法，地點就選在我先前參加過的教會。每個人聽了都捧腹大笑，唯有拿破崙不動聲色！他撇了撇嘴，毫不客氣地嗤之以鼻，聲音之大，所有人都轉過頭看他，覺得有些驚訝。對拿破崙來說，教會不過是國家用來煽動群眾的一枚棋子；教會的存在不是拿來改革，而是拿來利用的。

有一次開會，貝本遲到了；到場的時候顯得興致高昂，非常興奮。他向大家解釋，遲到是因為他正在做一個實驗，希望能在任何品種的樹上結出蘋果。潘恩聽了很不以為然，說從亞當與夏娃開始，乃至於人類的種種糾葛，就是從一顆蘋果而起的。達爾文一面大笑，一面告訴潘恩，去森林裡摘取蘋果的時候，要小心誘惑亞當和夏娃吃下禁果的毒蛇，因為小蛇很有可能已經長成大蛇。愛默生說道：「沒有毒蛇，哪有蘋果！」拿破崙則說：「沒有蘋果，哪有國家！」

每天晚上，林肯總是最後一個離開的人。有一晚聚會結束後，他倚著會議桌坐著，雙手抱胸，維持這個姿勢好一會兒。我沒有打擾他。終於，他慢慢抬起了頭，站起身來走到門邊，接著又轉身走了回來，把手搭在我的肩上，說道：「年輕人，堅持完成人生的目標，需要莫大的勇氣。但記住，遭遇困難的時候，正是增長能力的時機。智慧是逆境磨練出來的。」

有一晚，愛迪生趕在其他人之前抵達會議。他走過來，在我左手邊坐下，那個座位平時都是愛默生坐的。愛迪生坐定後，對我說：「你注定要見證一場生命奧祕的揭露。待時機一到，你就會發現，生命是由諸多能量聚集而成，也可說是無數個獨立實體彼此靠攏匯聚，每個實體都具有智慧，如其所**想**。一個個生命體聚集在一起，就像一窩蜜蜂，直到因為彼此**無法和諧共處**，才四散分飛。每個個體都有不同的意見，就像人類一樣，彼此間也會有爭執。你每晚召開的會議，對你很有助益，會將曾出現在會議成員人生中的生命實體帶到你的人生。**這些實體是恆久不滅，永生不死的！**你的意念和**渴望**會像磁鐵一樣，將這些實體從生命之洋吸引過來，而且只有能與你的**渴望**彼此調和的實體，才會被吸引來。」

其他會議成員陸續抵達，於是愛迪生站了起來，走回自己的座位。這場想像的會議發生時，愛迪生仍然在世。這段虛幻中的對答，實在讓我太驚訝了，於是我親自前去見了他一面。愛迪生聽了之後，開懷地笑了，說：「你做的這場夢，只怕比你想像中更加真實。」除此之外，他便沒有再多加解釋。

這些會議感覺起來太真實了，真實到我開始感到有點害怕，擔心會發生無法承擔的後果，因此中斷了這種會議，好幾個月沒有再舉行。這個經驗實在太不可思議了，如果繼續下去，我擔心連自己都會忘記，這些會議純粹**只在我的想像中**

經驗過而已。

會議停止後大約半年，有一回半夜醒來，也可能是我以為醒來了，我發現林肯就站在床邊。他說：「不久之後，世界會需要你的奉獻。亂世將要持續一段時間，世人無所適從、失去信念，在害怕之中驚惶度日。你要繼續努力，完成你的成功學體系，那就是你人生的使命。無論什麼原因，如果捨棄了這項使命，你會被打回原始狀態，被迫走回幾千年來前人早已走過的老路。」

隔天早上醒來，我說不出這段經歷到底只是做夢，還是真實發生過。我沒有深究它到底是幻是真，不過如果是夢的話，這場夢實在太過清晰，因此當天晚上我立刻恢復了晚間會議的習慣。

那天晚上，成員們魚貫進入會議室，站在他們習慣的座位旁。林肯舉起酒杯，說：「各位，讓我們敬我們的朋友一杯，歡迎他歸隊。」

此事之後，我陸陸續續在我的隱形顧問中加入新成員，到後來人數高達五十幾人，裡面有耶穌、聖保羅、伽利略、哥白尼、亞里斯多德、柏拉圖、蘇格拉底、荷馬、伏爾泰、布魯諾、史賓諾沙、德拉蒙德、康德、叔本華、牛頓、孔子、哈伯德、布蘭、英格索、威爾遜、威廉·詹姆斯。

這是我第一次鼓起勇氣公開提起這件事。此前我一直三緘其口，因為我知道，假如說出這些不可思議的經驗，很有可能會遭受誤解。如今我已有勇氣寫下這些經驗，因為我已經不再像當年一樣，極度在意「他們怎麼說」了。隨著心性逐漸成熟，人會更有勇氣忠於自己，就算別人不瞭解，投以異樣眼光或有所批評，也不放在心上。

為了避免有人誤會，我還是要再次強調，我完全知道這些「顧問」會議都只是想像中的經驗。雖然那些會面不是真的，成員也是想像出來的，但我可以坦然地說，是他們帶領我走上一條探險之路，重燃對偉大成就的嚮往，激勵我開始從事創造性工作，拿出勇氣、如實地表達心中所想。

大腦的某處細胞構造可以接收意念的振動，通常稱為「直覺」。第六感的位置究竟在哪裡，科學研究目前還沒有定論，但這並不重要。關鍵是，人類確實能藉由身體感官以外的途徑，精確地接收知識。這種知識通常要在心智受到強大的刺激之下，才接收得到。一般來說，任何會引起情緒、讓心跳加速的緊急情況，都能刺激第六感開始運作。如果有過差點發生車禍的駕駛經驗，一定都體會過這種感覺：出現突發路況時，第六感常常會發揮功能，在千鈞一髮之際解除掉一場意外。

之所以提到第六感，是因為它與我接下來要說的事情密切相關：我發現自己與「隱形顧問」見面的時候，心智的接受力特別強；我可以藉由第六感，接受到各式各樣的想法、意念和知識。這些成果都必須歸功於我的那些「隱形顧問」。

好幾次我遇到緊急情況，甚至危及性命，但因為有「隱形顧問」給我指引，最後都奇蹟似地度過難關。

舉行這種想像的會議，最初的目的只是為了運用自我暗示，把我所渴望學習的人格特質吸收進潛意識中。然而，我的會議近年開始出現了完全不同的走向。我會拿我或我的客戶遇到的難題，向隱形的顧問們請教；結果通常都相當令人驚喜，雖然我並不完全仰賴這種方式來解決問題。

你應該已經發現，這一章的主題對大多數人來說都很陌生。假如目標是累積巨富，第六感會很有幫助；但對野心沒那麼大的人來說，這個主題就無須太過關注。

福特無疑是運用第六感最好的例子，把第六感發揮得淋漓盡致。為了經營龐大的商業與金融版圖，嫻熟這項技巧是勢所必然。已故的愛迪生也在他的發明事業用上了第六感，尤其是其中多項原創性專利，以前從未有人涉足過研究，毫無前例可循，全靠第六感的靈光乍現，留聲機、電影放映機的發明都是如此。

幾乎所有偉大的領導者，包括拿破崙、俾斯麥、聖女貞德、耶穌、釋迦牟尼、孔子、穆罕默德，都深明第六感的道理，也終其一生持續運用這種技巧。可以說，他們之所以終於功成名就，共同的主因就是善用第六感。

第六感並不是隨心所欲，想用就用、想捨就捨的。運用第六感的能力是慢慢培養出來的，透過不斷地應用本書所述的各項法則，逐漸掌握第六感的技巧。極少有人能在四十歲前就嫻熟這種能力，多數人都要到五十來歲才能真正學會，因為第六感和靈性力量的高低很有關係，而靈性力量必須經過長年累月的冥想、自我評量，以及深刻的思考，才能臻至成熟、實際為其所用。

這本書對任何人都有幫助，無論你的身分為何、閱讀的目的是什麼，你對本章的法則不必然要全然理解，也能從中受益，尤其如果你的主要目標是累積財富或其他有形的物質。

之所以把第六感這章納入書中，是為了完整呈現這套成功學體系的樣貌，讓讀者無論追求的是什麼目標，都有能力自己引導自己、無所偏誤。人生中任何成就，都始於**渴望**、終於**知識**——理解自己、理解他人、理解自然法則，以及對**快樂**的認知和理解。

這種理解只有在熟悉第六感並有能力運用之後，才算真正達到完整，因此本書必須納入第六感，讓追求的目標不止是金錢的讀者也能有所助益。

讀完這一章後，你應該已經發現，閱讀過程中你到了更高層次的心智刺激。真是太棒了！請你過幾個月後，回頭把這一章再讀一次，並觀察一下你的心智是否有達到更強的刺激狀態。三不五時如此反覆操作，不要在意每一次到底體悟了多少，最終你一定會發現自己習得了某種能力，有辦法掙脫沮喪、對治恐懼，並且克服拖延的習性，自由地運用想像力。屆時你就會知道，所有偉大的思想家、藝術家、音樂家、作家、政治家，他們內在那股不知名的驅動力到底是什麼「東西」。同時，你也可以輕易地將你的**渴望**轉化為物質或金錢的實相，就像過去一遇挫折就輕易放棄那般容易。

信心與恐懼

前面幾章說明過建立**信念**的方式，分別是運用自我暗示、渴望以及潛意識。下一章則會說明如何對治恐懼的詳細作法。

我會先詳述恐懼的六種類型，所有的沮喪、膽怯、拖延、冷漠、優柔寡斷，以及缺乏企圖心、自信、行動力、自我控制、熱情，都是因為這六種恐懼在作祟。

閱讀六種恐懼的時候，不妨同時反向進行自我評量，因為這些恐懼很有可能存在你的潛意識中，很難察覺其存在。

分析「六種恐懼的幽靈」的時候，請記得恐懼並非實體，只是虛幻之物，因為它只存在於心智之中。

同時也要記住，幽靈就是想像力失控後的產物，心智大部分的傷害都是這樣造成的，其傷害力之強，不可不慎。

「恐懼貧窮」這個幽靈，在一九二九年經濟大蕭條時期，曾牢牢占據了無數人的內心，導致了美國有史以來最嚴重的商業貿易危機。對貧窮的恐懼，至今仍讓許多人膽戰心驚，因而行差踏錯。

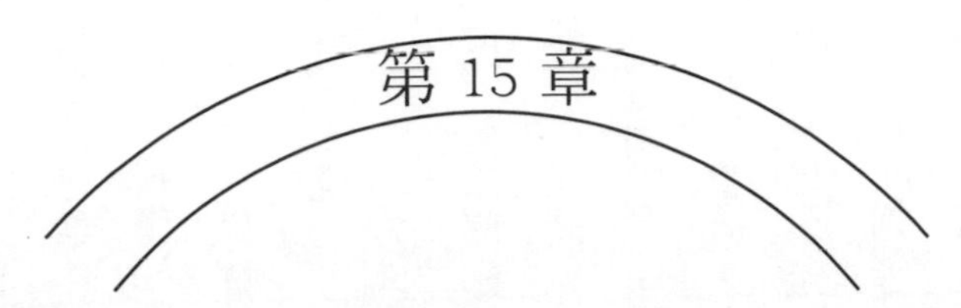

第 15 章

戰勝六種恐懼的幽靈

閱讀最後一章時，請檢視有多少「恐懼幽靈」阻礙著你

當你能夠成功地運用本書說明的任何原理之前，你的心智必須先做好準備來接收它。這樣的準備並不困難，只要先開始對你將必須排除的三大敵人加以研究、分析與瞭解。它們分別是**猶豫不決**、**懷疑**和**恐懼**！

這三種負面情緒中只要有任何一種留在你的心中，你的第六感就絕對無法運作。這三者彼此緊密相關，只要發現其一，另外兩者就會如影隨形地跟在一旁。

猶豫不決就是**恐懼**的源頭！閱讀時記住這點。**猶豫不決**也會催生**懷疑**，兩者混合就會成為**恐懼**！而「混合」的過程通常是緩慢的。這是為什麼這三個敵人如此危險的原因之一，因為它們會在**沒被察覺**時孳生、增長。

本章接下來的部分，將告訴你在實際運用本書所提的整套成功學之前，必須先達成的目標。同時也會分析近來讓眾多人落入貧窮境況的原因，不論是追求金錢，或追求比金錢價值更遠大的心智狀態，都必須瞭解這項事實。

本章的焦點會放在六項基本恐懼的起因，以及對治它們的方法。在我們能夠認清敵人之前，必須先知道它是誰、它的習性以及它出沒之處。當你好好研究並仔細地分析，就能夠確認這六項基本恐懼是否有任何一項已經依附在你身上。

切莫被這些狡猾敵人所具備的習性矇騙。它們有時候會藏在潛意識裡難以讓人察覺的地方，因而更加難以消滅。

六項基本的恐懼

每個人或多或少應該都曾經歷過這六項基本的恐懼，不論一項或是其中幾項。如果你未曾體驗過全部，可以算是幸運的人。依其類型條列如下，它們分別是：

對**貧窮**的恐懼

對**批評**的恐懼

對**疾病**的恐懼

（以上三項是大多數人憂慮的根源）

對**失去愛**的恐懼

對**老年**的恐懼

對**死亡**的恐懼

當然，還有其他比較次要的恐懼，不過它們都可以被歸類在上述六種。

這些普遍常見的恐懼如同詛咒般，不停循環地為世界帶來災禍。將近六年的經濟大蕭條時期，我們陷在**貧窮的恐懼**循環中掙扎。世界大戰期間，我們則是身陷在**死亡的恐懼**循環。而在戰爭之後，蔓延全世界的流行性疾病，讓我們陷入的是**疾病的恐懼**循環。

恐懼其實不過也只是一種心智狀態。而一個人的心智狀態則和控制與指揮的作用有關。大家都知道，相較一般人，醫師較少遭受疾病之苦，有一個主要原因是，醫師**不怕疾病**。醫師每天都必須診治上百位遭受像是天花這樣的接觸性傳染病之苦的病患，而他們並不會抱著恐懼或猶豫的心情，也沒有因此被感染。構成他們對疾病免疫力的要素，就算不是唯一，但主要就是來自他們缺乏這種**恐懼**。

一個人如果沒有收到一種意念衝動的形式，他就沒辦法創造任何事物。這點在下面更重要：**一個人的意念衝動不論是否出於自發，都會開始轉化爲相應的實相**。經由以太，偶然接收到的意念衝動（由其他人心中釋放出的），就像我們自己刻意打造的意念衝動一樣，都可以決定一個人的財務狀況、生意經營、工作職業或是社會使命。

我們在這裡就會瞭解，為什麼有些人看起來好像很「幸運」，而那些具有相同條件，甚至能力、訓練、經驗及腦力都更好的人，卻反而比較不幸。這項事實可以用底下這句話來解釋：**每個人都擁有能夠完全控制自己心智的能力**，而且顯然地，藉由控制，每個人可以選擇敞開心胸接受其他人釋放的意念衝動，或緊閉門戶只准許自己認可的意念衝動進入。

自然賦予了人類對一項事物絕對的控制權，那就是意念。再者，一個人要創造任何事物，都是從意念的形式開始，因而也能夠讓一個人控制恐懼。

所有的意念都具有轉化爲相應實相的傾向（這句話所言不虛，沒有任何能夠質疑的餘地），因而恐懼和貧窮的意念衝動，當然就無法轉化為勇氣和財富的形式了。

在一九二九年發生華爾街股災之後，美國人開始想到貧窮。緩慢而明確的是，這龐大的意念開始轉化為相應的實相，也就是眾所周知的「經濟大蕭條」。這是必然會發生的事情，因為它是順從自然法則的結果。

對貧窮的恐懼

貧窮與**富裕**之間沒有妥協的空間！通往貧窮與財富是兩條方向相反的道路。

如果你想要追求富裕，就必須排除任何可能會讓自己走向貧窮的境況（在這裡的「富裕」一詞指的是最廣泛的定義，包括財務上、靈性上、心理上以及物質上的有形資產）。而通往財富的道路，起始點就是**渴望**。在第一章，你已經吸收了如何適當地運用**渴望**的完整說明。在這一章，你則會明白有關**恐懼**，並將自己的心智做好完全的準備，來實際運用**渴望**的力量。

接著在這裡就提供大家一個挑戰自己的機會，你將可以明確地知道自己對這項原理到底吸收理解了多少。重點在於，它可以讓你成為先知，準確地預言未來為你預留的是什麼。在讀完這一章後，如果你願意接受貧窮，那你也會照自己的意願而得到貧窮。這是你無法閃躲，必須做出的一項決定。

如果你要求的是財富，請決定能夠滿足自己的形式和數量。你會認出通往財富的道路。因為你會得到一張地圖，只要遵照它就會帶領你步上財富之路。如果你忽略了這個起始點，或是還沒到達目的地前就停下腳步，那麼你的失敗就是自己造成的，沒有別人可以責難，因為責任就在你自己身上。如果你現在就拒絕要求富有的人生，你只能接受這是你自己的責任，任何藉口都救不了你，因為選擇接受或拒絕，都取決於你唯一能夠掌控的事物，也就是你的**心智狀態**。心智狀態是由一個人自己所承擔，它無法用錢買來，必須自行創造。

對貧窮的恐懼就是一種心智狀態而已，別無其他！但如此已足以破壞一個人對任何工作有所成就的機會，這是在經濟大蕭條時期已經得到許多痛苦證明的事實。

這項恐懼癱瘓了理性的能力、破壞了想像力的運作、扼殺了自立、侵蝕掉熱忱、阻礙主動自發、導致漫無目的、助長因循苟且，進而讓自我約束成為不可能的事情。它會奪走一個人個性上的魅力、破壞思考的準確性、讓努力轉移分心，它會很有耐心地持續跟你進行消耗戰，讓你的意志力灰飛煙滅、雄心全失，混亂你的記憶，以所有可以想到的方法讓失敗降臨到你的身上。它也會毀滅愛和內心美好的情感、阻礙友情，用上百種方式為你帶來不幸，讓你失眠、痛苦，和幸福快樂沾不上邊。然而，一項顯而易見的事實是，我們其實生活在一個豐饒到過剩的世界，所以我們當然可以要求任何我們想要的東西。而且，在我們和自己的渴望之間，並不存在任何阻礙，除非你沒有明確的目標。

毫無疑問，對貧窮的恐懼，是六項基本恐懼中破壞力最大的一種。它之所以被排在第一名，就是因為最難以克服掌控。確認恐懼的源頭需要相當的勇氣，而要接受這項恐懼存在的事實，需要更大的勇氣。人們對貧窮的恐懼源自承繼的一種傾向，就是**掠奪同類的經濟利益**。幾乎所有較人類低等的動物，都是受本能驅使，牠們具備的「思考」能力有限，因此就直接進行肉體上的掠奪。而人類具備更為優秀的直覺感應，加上思考和理性的能力，所以不會將同類當作食物，相比直接「吃掉」同類，「掠奪」他人的**財富**會帶來更大的滿足感。而人類本性是如此貪婪，所以也制定了各種能夠保護自己免受他人掠奪的法律。

在我們已知的任何歷史階段，當下我們所處的這個時代似乎是蘊含財富數量最龐大的，因為人類對金錢財富的追求是如此瘋狂。人類的渺小，事實上連地球的一粒塵土都不如，除非他有一個存著鉅款的銀行帳戶；一個人只要有錢——**先不考慮錢是怎麼來的**——他就可以稱「王」，他就是一個「大人物」；他可以凌駕法律、主導政治、支配商業，而且只要他的身影經過，整個世界都會對他行注目禮。

沒有像**貧窮**這樣的東西，能夠給人帶來這麼多苦難和卑微！只有那些體驗過貧窮的人，才會完全瞭解這句話的意義。

人類**恐懼**貧窮並不是什麼稀奇的事情，承繼自世代相傳的經驗，人類當然瞭解攸關金錢和任何有形資產的事物，有些人是不能信任的。這並不是什麼激烈的控訴，最糟糕的地方就在於這是**真的**。

大部分的婚姻關係都是由其中一人或是締約雙方所擁有的財富驅動而建立，

因此也難怪離婚法庭會生意興隆。

人類是如此熱切地想要擁有財富，所以他會運用任何方法來獲取財富——可能的話就透過合法的手段——如有必要，就採取方便的權宜之計。

自我剖析可能會揭露一個人不想承認的弱點，但這是所有不甘於貧窮和平庸人生的人都必須做的自我審查。記住，當你對自己逐一審核時，你既是法官，也是陪審團；同時也是檢察官和進行辯護的律師；你既是原告，也是被告；你正在審判自己，也正接受審判。請直接了當地面對這項事實。詢問自己明確的問題，並要求直接不拐彎的回答。當這項自我審查結束後，你將會更加瞭解自己。如果你覺得自己沒辦法在這項自我審查中擔任一位公正的法官，就請一位瞭解你夠深的人來扮演這個角色。所有的實情就在你自己身上。**無論如何，請你務必不計代價找出真相，即便它也許會讓你暫時地感到尷尬！**

如果被問到自己最害怕的是什麼，大部分的人都會回答：「我什麼都不怕。」這個回答一點也不精準，因為有些人並不知道源自某種形式的恐懼，自己在精神和肉體上受到其束縛，因而有所缺陷且遭受鞭笞。恐懼的情感是如此深入地附著而難以捉摸，一個人可能終其一生都背負重擔，卻無法認清它的存在。唯有拿出勇氣進行分析，才能揭露這個人類共同敵人存在的事實。當你開始進行這項分析時，請深入地探索自己的性格。下方的清單是你應該檢視的症狀：

對貧窮感到恐懼的症狀

1. **漠不關心**：通常會顯得缺乏抱負，自願忍受貧窮，接受自己的人生，不做抗爭，身心懶散，缺乏主動自發、想像力、熱忱和自制力。
2. **猶豫不決**：自己的想法很容易受他人影響。說好聽是保持中立，事實上是喜歡「騎牆觀望」。
3. **懷疑**：習慣找理由辯解掩飾，為失敗找藉口，有時會流露出對成功者的妒忌或是批評。
4. **憂慮**：經常喜歡找別人的碴，有支出大於收入的傾向，不在乎個人外貌打扮，一臉愁容，飲酒過度，有時候會使用毒品，緊張，缺乏自信、自覺和自立。
5. **過度謹慎**：在每種情況下都習慣尋找負面的一面，喜歡思考與談論失敗的可能性，而不是專注在探究成功的方法上，瞭解任何可能導致失敗的作為，但從不尋求訂定出避免失敗的計畫。總是在等待「對的時間」，才願意將想法或計畫付諸行動，直到讓等待成為一種習慣。總是對那些失敗者念念不忘，不去效法那些成功的人士。總是注意甜甜圈中間的空洞，而不是甜甜圈本身。心態悲觀消極，導致影響身體出現消化不良、自體中毒、口臭和脾氣暴躁的現象。

6. **拖延：**習慣把去年就早該完成的事情延遲到明天。花在辯解和找理由的時間，已經足夠把事情做好。這個毛病和過度謹慎、懷疑及憂慮高度相關。只要能夠閃躲，一律拒絕承擔責任。與其艱苦奮鬥，更寧願妥協。屈服於困難，而不是將之視為進步的踏腳石。生活中為了一塊五毛的小錢斤斤計較，卻不尋求更大的財富、成功、快樂與滿足。做計畫時，總是**先想要是失敗了怎麼辦，爲自己預留退卻躲避的後路，而非抱持破釜沉舟的決心。**缺乏自信、明確的目標、自我約束、主動自發、熱忱、抱負、節儉，還有理性論證的能力。**認爲貧窮是合理的，而不要求財富。**身邊盡是一些也接受貧窮的同類，不去結交那些敢要、也已經獲得財富的人為友。

金錢萬能！

有些人會問我：「為什麼你要寫一本有關於金錢的書？為什麼偏偏以金錢來衡量財富？」有些人也相信，事實上也是如此，的確有其他形式的富裕是比金錢更讓人渴望得到的。是的，當然有無法以金錢衡量的財富，但也有數以百萬的人會說：「只要給我需要的錢，我就可以換取任何我想要的東西。」

我會寫這本關於如何取得金錢的書的主要理由，是因為近來世界已經讓數百萬的男男女女由於**恐懼貧窮**而不知所措，就如同《紐約世界電訊報》的維斯布魯克·培格勒以下的描述：

沒錢萬萬不能！

金錢不過是貝殼或金屬片或紙張，買不到眞心和靈魂這些珍寶，然而大多數破產的人卻沒有這種體認，無法以此信念來延續振作自己的精神。當一個人窮困潦倒流落街頭，完全找不到任何工作，透過觀察他是否雙肩下垂、帽子有沒有戴好、走路的方式，還有他的眼神，就可以看出他在精神上是不是出現了某些問題。看到那些有穩定工作的人，他不得不感到自卑，即便他清楚地知道那些人的品格、聰明才智或能力，都不見得比自己來得高明。

這些人（甚至包括他的朋友），相反地會有一股優越感，不論有意或無意地將他視爲廢人。他或許可以靠借貸度日一段時間，但不足以回到自己慣常的生活，也不可能就這樣一直靠借貸生活下去。就借貸這件事而言，如果一個人借錢只是爲了維持最低限度的生活，那眞的會令人感到非常消沉，因爲借來的錢不像自己賺錢所具備的振作力量。當然，以上的情況並不適用於流浪漢或遊手好閒無所事事的人，而是精神正常、擁有抱負和自尊的一般人。

隱藏著絕望感的女性

遭遇相同處境的女性，情況又完全不一樣了。一般說到窮困潦倒的人，說不出什麼原因，我們通常並不會想到女性。她們在等待領取救濟食物的排隊隊伍中較爲罕見，也很少被看到在街頭乞討，即便同樣失敗、窮困潦倒，相比男性，在人群中女性較不顯眼。當然，我並非意指城市街頭步履蹣跚的流浪老者，這些人中，女性的數目跟男性一樣多。我說的是年輕、體面而且有智慧的女性。那些窮困潦倒的人們之中，這類女性應該也爲數不少，但她們感到的絕望卻並非顯而易見。也許是她們選擇了自我了斷。

當一個男人窮困潦倒時，他有時間可以沉思如何面對眼前的處境。他可以跋山涉水去找工作，他也許會發現要找的工作已經不缺人，或者那是一份沒有底薪的工作，銷售一些沒有實用性的小飾品，從中抽取佣金，但除非是出於憐憫，大概也沒有人會想要花錢買這些小玩意兒。男人拒絕這樣的工作之後，發現自己無處可去，只能回到街頭四處流浪。於是他到處閒晃遊走，盯著商店櫥窗裡那些他買不起的奢侈品而感到自卑，只能退開身子，讓給那些停下欣賞且顯露高度興趣的客人。他遊蕩到火車站，或是去圖書館歇個腳，順便吹點暖氣，就如此反覆地循環，而不是繼續找工作。他本人對此可能不自知，不過即使他的身影沒有告訴自己，他的漫無目的也會洩漏這一點。他也許還穿著昔日有穩定工作時的體面衣服，但那掩飾不了自己的消沉萎靡。

一文錢逼死英雄好漢

他眼看著上千人，當中有記帳員、銷售員、藥劑師或推車工人，忙碌地工作，他打從心底感到羨慕。他們具有獨立自主性，擁有自尊和男子氣概，相較起來，他實在沒辦法說服自己稱得上是一個好男人，於是他不停地自我論辯，然後得到了一個有利於自己的結論。

這全都只是金錢讓一切變得有所不同。只要有一點錢，他就可以再做回他自己。

某些雇主會利用這些窮困潦倒的人，將他們榨得一滴不剩。職業介紹所裡的布告欄上貼滿各種顏色的紙張，上面盡是些只能提供破產或失敗者微薄薪資的可憐工作，比方一個星期十二或十五塊美金。一個星期十八塊美金就已經是人人搶破頭，而一個星期二十五塊美金的工作，則不會出現在職業介紹所的布告欄上。我從某份地方報紙上摘錄了一則求才廣告，要找一位合適且熟練俐落的抄錄員，負責記錄三明治店的電話訂單，工作時間是每天早上十一點到下午兩點，一個月薪資八塊美金——你沒看錯，是一個月八塊，不是一個星期八塊，求才廣告上還註明「請說明您的宗教信仰」。你可以想像僅願意支付一個小時十一美分的薪資，招募一位合適且熟練俐落的抄錄員，如此苛刻粗暴無理的要求，竟然還要查問這位受害的求職者有什麼宗教信仰？但這就是破產或失敗者所遭受的待遇。

對批評的恐懼

人們最初是如何開始抱有這項恐懼，沒有人能夠清楚說明，但有一件事情是肯定的：這項恐懼是一種經過高度進化的形式。有些人認為，它大概是在政治成為一項「職業」時開始出現。其他人則主張，它可以追溯到女性最初開始注重自己穿著「風格」的時代。

我既非一名幽默作家，也不是一位預言家，所以傾向將這項基本的恐懼歸咎於男性所承繼的一項天性，這項天性不僅會促使他奪取同伴的財物，還會激發他藉由**批評**同伴的人格，來為自己這樣的行為辯護。好比一個小偷，會指責遭他偷竊財物的失主；還有想要謀取一官半職的政客們，並非透過展現自己的美德、適任，而是向他們的對手進行汙衊的攻擊。

對批評的恐懼有許多樣貌，大部分都很瑣碎而微不足道。例如禿頭的男人，他們最害怕的就是旁人的酸言酸語。禿頭是因為緊貼的帽帶阻絕了髮根的循環生長。而男人會戴帽子，並不是出於他們真的需要，主要是因為「每個人都這樣做」。於是所有男人都戴起帽子，以免遭受其他人的**批評**。女性相對來說較少禿頭，甚至連頭髮稀疏都不常見，因為她們戴的帽子並不會緊貼束縛頭部，目的也只是為了裝飾打扮。

然而，這並不代表女性就能夠免於遭受批評的恐懼。如果有任何一位女性宣稱她相較男性來說，對批評並不感到困擾甚至害怕，那你可以請她戴上一八九〇年代的典型風格帽子上街走走。

精明的服裝製造商對於投入資本來深化這項基本恐懼，腳步從不落於人後，讓全體人類都受到這項恐懼的詛咒。每季都有許多的穿搭風格變化。是誰建立了這種作風？當然不是掏錢的消費者，始作俑者就是服裝製造商。為什麼他們要如此頻繁地變化服裝風格？答案顯而易見，因為變化愈多，他們可以賣出的衣服也就愈多。

汽車製造商每季會推出改款車型的道理也一樣（除了一些罕見但合情合理的例外）。每個男人都想駕馭最新的車款，即使舊的型號款式可能各方面表現都更突出。

我們已經描述了人們處於對批評的恐懼下，如何影響日常生活的瑣碎小事。現在讓我們來看看這項恐懼會如何影響人們從事更重要的日常活動，也就是人際關係的往來聯繫。舉例而言，幾乎所有已經到達「心智成熟」年齡（平均數字是從三十五到四十歲之間）的人，如果你能夠讀取這些人心智中的神祕意念，會發現他們對於幾十年前大部分教義學者和神學家所宣揚的宗教傳聞，都抱持不足採信的堅決態度。

然而，你卻不常發現有人可以有勇氣公開地表明自己內心的想法。礙於壓力，大多數人寧願說謊，也不願意承認他們不相信這些故事，因為它們是以宗教的形式來束縛人心。而非科學發現和教育。

為什麼一般人在這個文明早已啟蒙的時代，依然羞於承認自己並不相信那些幾十年前開始流傳的大部分宗教性故事？答案就是，「因為他們對可能招致的批評感到恐懼」。以前的人因為表達不相信鬼魂的存在而慘遭火刑。恐懼被批評為異端的意識就這樣世代沿襲下來了。就在不久以前，異端還是會遭受嚴厲的處罰——而且在某些國家，對異端的懲罰仍持續到現在。

對批評的恐懼會剝奪一個人的主動性，破壞他的想像力，限制他的個體性，使他無法自立，還有其他上百種的負面影響。常有父母過度批評孩子，而對孩子造成無法挽回的傷害。我少年時期的一位好友，他的母親曾經幾乎每天都處罰他，並對他說：「你在二十歲以前一定會被關進監獄。」果然他在十七歲時，就先進了少年感化院。

批評其實也是幫助的一種形式，但每個人卻都使用過度。不管是不是主動要求，所有人隨時都做好準備要抒發一番批評的意見，而且是免費奉送。往來最密切的親戚，通常是最會惹你生氣的人。它應該被視為一項罪行（事實上它就是一項本質最為惡劣的罪行），家長可能因為不必要的批評，讓孩子出現自卑感。瞭解人性的雇主要讓員工展現最好的一面，應該是藉由建設性的提議，而不是批評。父母對待孩子也可以採取同樣的作法。批評只會在人的心裡種下恐懼或憎恨的種子，無法培育愛或情感。

對批評感到恐懼的症狀

這項恐懼和對貧窮的恐懼一樣，幾乎是舉世皆然，而對個人所能達到的成就高低也具有致命性的影響，主要是因為這項恐懼可以破壞主動自發的精神，並阻礙想像力的運用。其主要的症狀如下：

1. **害羞不自然：**常常表現出緊張，和陌生人見面及說話時顯得膽怯，手足無措，目光游移不定。

2. **缺乏自信：**表達時音量控制不佳，在人前覺得緊張，儀態畏縮，記憶力差。

3. **性格缺點：**優柔寡斷，缺乏個人魅力，無法明確地表達意見。碰到問題，習慣閃躲，而不是直接面對。未經細查衡量，就接受他人的意見。

4. **自卑情結：**習慣透過自我肯定的言詞行為，作為掩飾自卑感的方法。常說「大話」來加深別人對自己的印象（通常不瞭解自己說出那些話的真正意義）。模仿他人的穿著和言行舉止。吹噓想像中的成就。有時候會從外表顯露出一股優越感。

5. **浪費奢侈：**只為了不被左鄰右舍比下去，毫無節制地花錢如流水，支出大於收入。

6. **缺乏主動：**無法把握自我提升的機會，害怕表達意見，對自己的想法缺乏信心，閃躲逃避上司或長輩的問題，欺瞞詐騙的言詞行為。

7. **缺乏抱負：**心理與身體上的懶散，缺乏自我堅持，做決定很慢，容易受其他人影響。習慣在背後批評別人，卻在人前阿諛奉承。習慣沒有異議地接受失敗。只要別人反對，就會放棄。沒有任何理由地猜忌別人。缺乏得體的言談舉止。犯錯時，不願意接受指責。

對疾病的恐懼

這項恐懼大概可以追溯來自生理和社會的遺傳。它的由來和對老年與死亡的恐懼高度相關，因為它會把人們帶往一個未知的「恐怖世界」邊緣，讓自己想起一些聽來的不安故事。這些傳聞很普遍，但部分從事「健康銷售」生意的不道德人士對這種恐懼的推波助瀾也起了不小的作用。

整體而言，人們恐懼疾病是因為對生病的恐怖想像，害怕死亡將會接管自己的一切。另外一個恐懼疾病的原因是，生病可能也會敲響自己經濟的喪鐘。

據一位知名的醫師估計，所有求醫看診的人之中，有75%是「慮病症」（也就是想像自己生病了）。這是最有說服力的證據，人們即使事實上沒有什麼理由需要擔心健康，但還是經常因為心懷疾病的恐懼而出現生理上的症狀。

人類心智具有非常強大的力量！它可以進行建設，也可以進行破壞。

專利藥廠利用人們對疾病的常見恐懼大發利市。這類利用人性輕信傳聞的習性，詐變案件層出不窮，大約二十多年前，《柯利爾週刊雜誌》曾對最不肖的專利藥廠發起反抗運動。

在世界大戰仍在進行時，全世界爆發了「流感」大流行，紐約市長祭出了激烈手段，要平息人們因為與生俱來恐懼疾病而對自己造成的傷害。市長邀請報社人員，說道：「各位先生，我認為有必要請求你們不要刊登任何有關『流感』大流行的**可怕頭條**。除非你們願意和我配合，不然可能會造成我們無法控制的情況。」於是報紙真的停止刊登有關「流感」的新聞，然後在一個月之內，疫情也成功地被抑制下來。

藉由幾年前進行的一系列試驗，已經證明透過自我暗示的作用，人們會因而真的生病了。我們安排三個和「受害者」相識的人去拜訪他，每個人都問他：「你看起來病得很嚴重，是哪裡覺得不舒服？」對第一個探訪者這麼問時，受害者通常會若無其事地笑著答道：「沒什麼，我很好。」第二個人又問了相同的問題後，受害者通常會回答：「我也不是很清楚，但覺得好像哪裡不太舒服。」當聽到第三個人又問了一次後，他通常就會認定自己生病了。

如果你懷疑這個試驗的真實性，不妨找個熟人進行相同的試驗，但記住別太過頭。某個宗教流派會透過「下咒」來報復敵人，他們稱為「施法」。

有大量證據顯示，疾病有時是以負面的意念衝動形式開始。這樣的衝動可以透過建議與暗示，從一個人傳到另一個人身上，或是從一個人自己的心裡產生。

有個有幸瞭解這項事實的人曾說：「有任何人問我感覺怎麼樣，我永遠會回答，我感覺好到可以把你一拳擊倒。」

醫師會為了病患的健康，將他們送到不同氣候的地方來改變「心理狀態」。對疾病感到恐懼的種子，存在每個人的心裡。因為愛和工作上而產生的憂慮、恐懼、沮喪、失望，會讓這顆種子發芽成長。近來的經濟蕭條情況讓醫師們忙個不停，因為任何形式的負面意念都會產生疾病。

在工作和愛上感到挫敗與失望，是造成恐懼疾病的頭號元凶。一個年輕人因為失戀而送醫。他在生與死之間徘徊了數月之久。一位暗示療法領域的專家被請來診治這個年輕人。這位專家更換了原本照顧這位年輕人的護士（事前跟醫師討論過），以一位**迷人的年輕女子**取代，而且第一天照顧年輕人時就向他求歡。三個星期後，這個年輕人就出院了，雖然尚未痊癒，但病灶完全不同，因為這個年輕人**又戀愛了**。這項療法可以說是一場騙局，但後來這個病人和這位護士結婚了，而且在我撰寫這本書的當下，他們小倆口的健康狀況都相當良好。

對疾病感到恐懼的症狀

這項幾乎舉世皆然的恐懼，症狀如下：

1. **自我暗示：**習慣將自我暗示做負面使用，不斷地在自己身上尋找所有疾病的症狀。「喜歡」想像自己生病，而且說的就像是真的一樣。習慣嘗試其他人推薦的「健康祕方」和「養生之道」。喜歡和人談論手術、意外事故和其他因素造成的疾病。在沒有專業引導的情況下，透過節食、運動、瘦身等行為自行試驗。喜歡嘗試居家療法、成藥，以及尋求「江湖郎中」的治療。

2. **慮病症：**習慣談論疾病，將心思都放在這件事情上，而且預期疾病會發生，直到自己緊張以致精神崩潰。沒有解藥能夠治癒這種情況，這是由於負面思考所導致，只有以正向意念才能夠對治。慮病症（這是醫學上的名稱，指的是患者會具有想像自己生病的症狀）造成的傷害，有時候會和患者所害怕的疾病一樣。大多數這樣的案例，都是因為想像自己生病的「神經質」所造成的。

3. **不運動：**因為害怕會造成身體傷害產生病痛，所以通常都不做運動，導致體重超標，進而降低出門意願。

4. **過度敏感：**害怕生病會瓦解身體自然的抵抗力，導致產生任何疾病都可能入侵的有利條件。

對生病的恐懼通常和對貧窮的恐懼彼此相關，尤其是慮病症的情況，患者經常憂慮必須支付給醫師或醫院的大筆帳單。這類人為了生病會花很多時間做事前準備、談論關於死亡的議題，存好買墓地和舉行葬禮的花費等等。

5. **寵溺自己：**習慣以想像自己生病作為誘餌博取同情（人們通常藉這種伎倆規避工作）。習慣假裝身體不舒服，掩蓋懶惰的事實，或是作為缺乏抱負的藉口。

6. **無所節制：**習慣利用酒精或毒品麻痺頭痛或神經痛所帶來的病苦，而非尋求根治。

習慣汲取有關疾病的資訊，然後擔心會生病。喜歡觀看藥品的廣告。

對失去愛的恐懼

這項恐懼的由來需要花一點時間說明，因為這是源自於男性天生崇尚一夫多妻制的習性，喜歡擄掠同伴的伴侶，不顧女性的意願恣意妄為。

嫉妒和其他類似的精神官能症症狀，是源自於人類天生害怕失去某人的愛而有的恐懼。這項恐懼是六種基本恐懼中最令人痛苦的一種。它可能比其他基本恐懼對身心造成更嚴重的破壞，且通常會導致永久性的精神失常。

因為害怕失去愛而懷抱恐懼，這種情形大概可以追溯到石器時代，那時男性以蠻力搶奪女性。至今，男人依然會搶奪女性，只是技巧已有所改變。取代以往的蠻力，現在他們以能讓女性享有華服名車等各種「誘餌」作為承諾，利用花言巧語說服，這可比蠻力更有效率。男性的習性和文明初期相同，但表現的方式有別。

仔細分析後顯示，女性相較男性來說，更容易受這類恐懼的影響。這項事實解釋起來並不困難，因為女性已經瞭解男性天生就嚮往一夫多妻制，所以是不可信任的另一半。

對失去愛感到恐懼的症狀

這類恐懼的症狀很明顯，如下：

1. **猜忌**：在沒有任何合理充分的證據下，習慣對朋友和所愛的人有所猜疑（猜忌是早發性失智症的一種症狀，有時候會沒來由地演變成暴力行為）。毫無憑據地習慣指控妻子或丈夫不忠。經常懷疑所有人，而且通常不相信任何人。
2. **吹毛求疵**：習慣找所有人的碴，包括朋友、親戚、事業夥伴，還有所愛的人。沒有任何原因或不管什麼原因，動不動就覺得別人有錯，一切都是別人的錯。
3. **賭徒性格**：習慣透過賭博、偷竊、欺騙以及其他須承擔風險的行為來提供金錢給所愛的人，因為他們相信愛是可以花錢買到的。會超過能力、入不敷出地花用金錢，或是不惜負債地花大錢贈送禮物給所愛的人，只為了想博取對方的好感。其他還有失眠、神經質、缺乏毅力、意志薄弱、缺乏自制力、無法自立、壞脾氣等。

對老年的恐懼

整體說來，這項恐懼出自於兩個源頭。第一個想法是，擔心伴隨老年而來的**貧窮**。第二，則是時至今日最為常見的源由，就是來自過去錯誤且殘忍的教導，認為「死後會下地獄永受煎熬」，加上招致其他各種妖魔鬼怪纏身，使人成為恐懼的俘虜。

一個人對老年基本的恐懼，有兩項出於自身憂慮的充分理由，一是來自不信任別人，擔心他們可能會奪取自己擁有的一切。另一個原因則是對死後世界的恐怖圖像，這幅圖像在能完全掌控一個人的心智之前，就藉由社會流傳深植於人們心中。

隨著年紀變老，生病的可能性也隨之提高，這也是恐懼老年的一項原因。擔心色慾衰退，也普遍造成了對老年感到恐懼，畢竟沒有人想要失去性魅力。

然而，對老年感到恐懼最常見的理由，則和貧窮可能也同時上身有關。「救濟院」並不是一個好詞。任何一個人如果想到自己的晚年必須在救濟院度過，都會在心裡升起一股寒意。

其他對老年感到恐懼的原因，還有可能失去自由和獨立性，必須同時忍受失去生理和經濟上的自由。

對老年感到恐懼的症狀

這項恐懼最常見的症狀如下：

在大約心智成熟年齡的四十歲左右，行事就開始緩慢下來，懷有自卑感，誤認為自己因為上了年紀，就會開始不斷地「走下坡」。（事實上，一個人不論在心理或精神上，最有活力的階段是介於四十到六十歲之間。）

只不過到了四十或五十歲，就語帶抱歉地說自己「已經老了」，而不是重新審視這類觀念，對能活到具備智慧和理解力的年紀表達感激。

認為年紀太老了，就不再主動積極、發揮想像力，缺乏自立的能力，而抹殺這些精神與特質。不論男女到了四十歲，還為了想吸引年輕許多的對象而打扮，卻反而讓朋友和陌生人都覺得可笑。

對死亡的恐懼

對某些人來說，這是所有基本恐懼中最為殘酷而令人痛苦的一項。這項對肉體死亡的恐懼，其中大多數都可以直接歸咎於宗教迷信。所謂的「異教徒」對死亡的恐懼還沒有「文明者」來得大。數億年來，人類一直在詢問著那些還找不到答案的問題，比方自己的「來處」和「去向」。白話的意思就是，我是從哪裡來的？又將去向何處？

相較啟蒙之前，昔日的黑暗時代期間，許多奸詐狡猾之徒都極為樂意提供這類問題的答案，而且**索價不菲**。這就是如今我們所目睹，**恐懼死亡**的主要源頭。

「進來我的陣營，擁抱我的信仰，接受我的信條，我就將賜予你一張直接進入天堂的通行證。」某個教派的領導者如此地呼喊。「如果一直不加入我的陣營，那麼你會遭到惡魔的烈焰焚燒，萬劫不復。」這帶有恐嚇意涵的話語，同樣出自這個教派的領導者。

永恆是一段沒有終止的漫長時間，而**火焰**是一項可以震懾人的可怕事物。想到會受到烈焰焚燒的永恆懲罰，不只造成人們對死亡感到恐懼，通常還會讓他們失去理性。它會摧毀生活的所有樂趣，讓人們無法得到幸福快樂。

我在探究這項主題期間，閱讀了一本名為《眾神錄》的書籍，列出了人類所信奉崇拜的三萬位神祇。想想這個數字！這三萬位神祇當中從一隻小龍蝦到一個人，幾乎涵蓋了所有事物。這也難怪人類會變得如此恐懼死亡。

當宗教領袖們無法安全地引導人們進入天堂，或是這類方法根本就不存在，讓不幸的人落入地獄，這樣以真實想像的恐嚇，似乎就成為癱瘓理性的絕佳伎倆，能夠將死亡的恐懼植入人心。

事實上，**沒有人知道**這類方法，也沒有人看過地獄或天堂的樣子，甚至連是否存在都無法確認。由於極度缺乏相關議題的正面知識，一些其實只會吹噓的騙子就可以藉由騙術及各式各樣的詐欺，進而控制人類的心智。

優秀大專院校設立之後，現代人對**死亡**的恐懼不像以前時代那麼常見了。科學界人士已經為揭露這類議題的真相打開了一盞明燈，迅速地讓許多人從對死亡的恐懼桎梏中獲得自由。在各大學院校求學的年輕男女，不太容易被受「烈焰」焚燒、受地獄「磨難」所震懾了。借助生物學、天文學、地質學以及其他各種相關的科學，這項禁錮人類心靈、破壞人類理性的黑暗時代恐懼，已經被驅逐消散了。

精神病院裡已經滿是因**恐懼死亡**到發瘋的男男女女。

懷抱這項恐懼毫無用處，因為死亡終將到來，無論任何人抱持著何種想法和理論。只要將它當成人生必經之途接受，就可以將懷有的恐懼從心智排除。每個人本來就終將面對死亡，否則死亡就不會具有如此的完結性。但或許死亡並非如同被描繪的樣貌那麼糟糕。

整個世界僅僅是由兩項東西組成：**能量**與**物質**。在基礎物理學中，我們瞭解不論物質或能量（人類僅知的兩種實體的形式）都無法被單獨生成或消滅，這兩者之間可以轉化，但一樣都無法被消滅。

若問生命是什麼，生命也是能量。如果能量或物質都無法被消滅，那麼生命當然也是如此。生命和其他型態的能量一樣，會歷經各種不同的轉化或變化過程，就是不會被消滅。死亡也只是其中一種轉化。

假如死亡不過只是一種變化或轉化，那麼死後降臨的也只有永恆的安息，此外別無其他，那麼睡覺有什麼好怕的呢？只要明白這一點，你就可以把對死亡所抱持的恐懼，永遠地消除了。

對死亡感到恐懼的症狀

抱持這項恐懼一般具有的症狀如下：

總是**想到**死亡，而非努力善用時間充實**人生**，這通常是因為缺乏明確的人生目標，或是從事的工作不適合自己。這項恐懼在老年人之間更為普遍，但有時更多年輕人也會遭受其害。在所有治療這項恐懼的對策中，效果最好的就是**取得成就的熾熱渴望**，作為背後支撐動力的，則是為社會提供有益的服務。一個忙碌的人很少會有時間想到死亡，因為他會發現生活是如此令人感到興奮激昂，而沒空擔心死亡。對死亡的恐懼，有時和對貧窮的恐懼緊密相關，因為一個人死去，可能會讓愛他的親人遭受貧窮的打擊。在其他事例中，讓人對死亡感到恐懼的原因，則是生病會破壞身體的抵抗力。這裡稍微整理恐懼死亡最普遍的原因如下：生病、貧窮、從事不合適的工作、在情感上挫敗、精神錯亂、宗教迷信。

憂慮

憂慮是基於恐懼而產生的一種心理狀態，它運作緩慢但持續不間斷。它會在暗中形成危害且難以捉摸，一步步地「自掘」人心，直到癱瘓了一個人的理性能力，摧毀自信和主動進取心。憂慮是因為猶豫不決所造成的一種持續性的恐懼形式；然而，它其實是一種可以被控制的心智狀態。

心智無法安定會令人感到無助。猶豫不決會造成心智無法安定。大多數的人都缺乏迅速下定決心的意志力，只是等待直到被迫做出或是接受其他人的決定，甚至在一般業務往來時也是如此。在經濟動盪混亂時期（例如近來的世界情勢），人們都受到環境不利的阻礙，不僅是因為與生俱來的天性，所以做決定時拖延緩慢，同時也是由於受到周遭其他猶豫不決的人之影響，於是形成一種「集體性的猶豫不決」這樣的大眾心理狀態。

在經濟大蕭條期間，全世界都籠罩在「恐懼」和「憂慮」的氛圍中，這兩項心理疾病從一九二九年的華爾街股災之後開始產生跟蔓延。已知唯一的解藥是；迅速並堅定地下定**決心**。這是每個人都必須用在自己身上對治恐懼和憂慮的解毒劑。

一旦我們做出決定，遵循一系列的行動方針，我們就不會再憂心忡忡。我曾經訪問過一名在兩個小時後就將接受電刑處死的犯人。這名囚犯被關押在還有八名死囚的牢房中，他是最鎮靜的一人。看到他如此平靜，激起我的好奇心，於是詢問他，知道再過一會兒自己就將面臨死亡，是一種什麼樣的感覺。他露出一種懷抱信念的微笑回答：「我覺得很好。兄弟，我只想到我所有的煩惱很快地將會全部消散了。我的人生除了煩惱，其他一無所有。我曾經連想要吃飽穿暖都有問題，但再過一會兒，我就不需要再煩惱這一切了。從我知道自己**必然**將面對死亡時，我的感覺一直都再好不過。我決定要用愉快的心情來接受我的命運。」

他一邊說著這番話時，一邊狼吞虎嚥吃掉三人份的豐盛晚餐，似乎非常盡情地在享受著每一口食物，而且好像並沒有什麼不幸的大禍在等著他。這個男人做出的**決定**，讓他順從自己的命運！當然，一個人也可以決定拒絕不想要的命運。

六項基本恐懼都會因為猶豫不決的習性轉變為一種憂慮狀態。只要把死亡視為人生無可避免的過程之一，你就可以永遠地將自己從恐懼死亡的牢籠中解放出來。只要下定決心**丟掉憂慮**，去積攢任何能夠取得的財富，你就可以戰勝貧窮的恐懼。只要下定決心**不去擔心**別人怎麼想、怎麼做或怎麼說，你就可以讓批評的恐懼臣服在你的腳下。只要不把老年看成一種障礙，而是被賜予智慧、自律以及相較年輕人是更有理解力和判斷力的人生階段，你就可以消滅老年的恐懼。只要下定決心不杯弓蛇影，一有任何小症狀就懷疑是不是身體哪裡出問題，你就能夠免除疾病的恐懼。只要下定決心如果必須度過沒有所愛陪伴的人生，也要好好過日子，你就可以對治失去愛的恐懼。

只要下定決心人生沒有任何值得擔憂，就能革除所有形式的憂慮習性。一旦革除了憂慮的習性，你就會被賦予沉著而平靜的心智，還有那些能夠帶來幸福快樂的意念振動。

一個心中滿懷恐懼的人，不僅會破壞他採取明智行動的機會，而且還會將這些破壞性的意念振動傳到所有與他交流的心智裡，進而也破壞他們採取明智行動的機會。

甚至連一隻狗或一匹馬，當牠的主人覺得畏縮膽怯時，這些動物也會有所感應，因為牠們接收到主人傳出的恐懼意念振動，因而表現出相應的行為。有人發現，想要降低動物的智慧，就是讓牠們接收恐懼的意念振動。具體原因不得而知，但蜜蜂可以立即地察覺一個人內心的恐懼，換句話說，蜜蜂比較會去叮螫內心釋放出恐懼意念振動的人，而較少去騷擾那些從心裡顯示自己根本不感到害怕的人。

恐懼的意念振動會很快地從一個人的心智傳到另一個人，就像人類發出的聲音藉由收音機從發送站傳到接收站的現象一樣，而且**透過的媒介完全相同**。

心智的心電感應是真實存在的事情。不論是否出於自發，意念都可以從一個心智傳到另一個，無論一個人是否有所覺察，一個人都會發出意念，而其他人會收到這樣的意念。

將負面或破壞性意念以言語表達出來的人，事實上都會遭到那些破壞性意念的「反彈」。其實不需借助言語，這些破壞性意念衝動僅只透過傳送，就能產生不止一種形式的「反彈」。首先，也是必須牢記最重要的一點，釋放破壞性意念的人，他的創造性想像力必將崩潰瓦解。再者，存在心裡的任何破壞性情緒，會培養出一種令人反感的負面性格，通常會將這些反感的人變成自己的敵人。發送負面意念的人會受到傷害的第三項來源，是這些意念衝動不僅會傷害他人，**還會藏在發送者的潛意識裡**，進而成為這些人性格的一部分。

一個人懷有的任何意念，並不是把它們發送出去就沒事了。一個意念一旦被放出來，它會透過以太為媒介，朝四面八方傳送，同時**永久深植在發送這個意念的人**的潛意識中。

你的人生使命是要取得成功。想要成功，你必須找到心靈的平靜，取得生活所需的物質，還有最重要的一點，得到**快樂**。所有這些證明成功的證據，都是從一種意念衝動的形式開始。

你可以掌控自己的心智，你有特權可以選擇任何意念衝動來滋養它，你也有責任善加運用。你是自己命運的主人，理所當然擁有掌控自身意念的權力。你可以影響、引導，最終能掌控自身的環境狀況，讓你的人生成為自己想要的樣子。或者，你也可以不在乎自己擁有的這項特權，不去讓自己的生活規律有條理，而是把自己丟在像是無邊無際的大海這樣的「環境」中，就好像在海上隨波逐流的一片碎屑。

對抗惡魔的預演

除了**六項基本的恐懼**，還有一項會讓人們受苦的邪惡。它生存在充滿大量失敗經歷所滋養的肥沃土壤中，非常難以捉摸察覺。它無法被適當地歸類到上述六項恐懼中，但**比六項恐懼更深沉，也更具毀滅性**。我們暫且給它一個名字，稱之為：**容易受到負面事物的影響**。

能夠累積龐大財富的人，會一直對抗這項邪惡，保護自己不受侵擾！而遭受貧窮挫折之苦的人就做不到這一點。那些想要在任何領域取得成功的人，心智都必須準備好對抗這項邪惡。如果你是為了累積財富而研讀這項原理和人生觀，你應該要非常小心仔細地檢視自己，看看自己是不是容易被負面的事物所影響。如果你忽略了這項自我分析，你就會喪失達到自己所渴望的目標之權利。

請好好徹底地分析自己，依照後面列出的問題嚴格地為自己的回答負責。進行這項作業時請盡可能地小心謹慎，搜尋任何會埋伏襲擊你的敵人，明白在實際遭遇時，如何應對自己可能會犯下的錯誤。

你可以輕易地保護自己免於被坐地起價搶劫，因為有法律明訂保障你的權益；但是這「第七項基本的邪惡」更難以馴服，因為它會在你尚未察覺存在時就展開襲擊，無論在你睡著或清醒時皆然。再者，它有無形而無法捉摸的武器，因為它是由一種**心智狀態**所構成。這項邪惡之所以危險還在於，它會以和許多人類體驗相同的型態，以各種不同的形式加以襲擊。有時候，它會透過親人出自善意的言詞入侵一個人的心智。有時候，它會經由一個人的心態，從內部鑽孔破壞。雖然它毀掉一個人的速度可能沒那麼快，但始終就像是具有致命性的毒藥。

如何保護自己不受負面事物的影響

不論是自己造成或來自你周遭的人，要保護自己不受負面事物的影響，請確認自己擁有**意志力**，而且不斷地使用它，直到在你內心建立起一道對抗負面影響的防禦牆。

有一項事實必須先承認，就是人類天生習慣安逸、得過且過，容易受到與自己不足之處的相近暗示影響。

坦承你天生就容易受到這六項基本恐懼的影響，所以必須建立對治這些恐懼的習慣。

這些負面影響通常會藉由你的潛意識運作，因此難以察覺，讓你不知不覺收到意圖讓你消沉或失去勇氣的所有負面建議或暗示。

清理你的藥櫃，將所有的藥瓶都扔掉，不要再繼續向感冒、疼痛或其他幻想的疾病招手。

你需要的是能夠影響你，讓你**爲自己思考和行動**的朋友，所以你必須謹慎地尋求這樣的同伴。

別老是**期望**挫折上門，否則它們一定就會如你所願地出現了。

無庸置疑，所有人類最常見的弱點，就是敞開心門，對其他人的負面影響全盤接受的習慣。這項弱點極具破壞性，因為大多數人並不承認自己深受其害，而體認到這弱點的人卻又忽視它或拒絕改正，直到它變成無法控制的日常積習。

如果想要幫助自己正視真實的自我，請檢視下面的問題列表。請大聲地讀出問題並回答，聲音至少要讓自己可以聽見。如此可以讓你更簡單地誠實面對自己。

自我分析的問卷

□你是否經常抱怨「感覺很糟」？是的話，原因是什麼？

□你是不是動不動就覺得一切都是別人的錯？

□你是不是經常在工作上出錯？是的話，原因是什麼？

□你和他人的談話是否喜歡語帶諷刺且無禮冒犯？

□你是否刻意地避免和任何人有所往來？是的話，原因是什麼？

□你是否經常會有消化不良的困擾？是的話，原因是什麼？

□你是否覺得生活沒有目的，對未來也感不到希望？是的話，原因是什麼？

□你喜歡你的工作嗎？不喜歡的話，原因是什麼？

□你是否經常自怨自艾？是的話，原因是什麼？

□你羨慕那些比你優秀傑出的人嗎？

□你花比較多的時間想著**成功**？或是花比較多的時間想著**失敗**？

□你隨著年紀增長，自信心是與日俱增？或是日漸消退？

□你是否能從所有的錯誤中吸取經驗和教訓？

□你是否讓某些親戚或熟人惹你心煩？是的話，原因是什麼？

□你是否有時候覺得自己像「在雲端上」自信滿滿，但其他時間又像跌落谷底般感到意志消沉？

□對你來說，誰最能激勵影響你？原因是什麼？

□當你可以避免負面或令人洩氣的影響時，你是否還是選擇容忍它們？

□你是否不在意個人外表打扮？是的話，是在什麼場合？為何如此？

□你是否曾經藉由不停忙碌工作，達到和「借酒澆愁」相同的作用，也就是藉此不去理會煩惱？

□如果你同意讓別人幫你想辦法解決問題，是否會覺得自己是一個「懦弱無用」的人？

□你是否不在乎淨化內部，直到自體毒素不斷累積，讓你變得煩躁易怒？

□那些其實可以預防阻止的干擾，但你卻選擇忍受它們，為什麼？

□你是否尋求酒精、毒品或抽菸來「讓自己平靜」？是的話，為什麼不選擇運用意志力達到同樣的目的？

□是否有任何人對你不停地「嘮叨」？是的話，原因是什麼？

□你是否有一個**明確的主要目標**？如果有的話，那是什麼？你又有什麼計畫來幫助達成它？

□你受到六項基本恐懼的任一項折磨嗎？是的話，是哪一項恐懼？

□你是否有什麼方法保護自己不受負面事物的影響？

□你是否刻意地使用自我暗示法，讓自己的心智保持正面？

□你比較重視物質財富？或是比較重視掌控自我意念的特權？

□你很容易被別人反對的意見所影響嗎？

□今天你是否有為自己心智的知識庫，增加任何有價值的新知識？

□你是直接面對讓自己不愉快的情況？還是迴避面對的責任？

□對所有的錯誤和失敗，你是否會檢討分析，試圖從中學習精進？或是覺得錯誤和失敗都不是自己的問題？

□你是否能說出自己最不利的三個弱點？你會怎麼改進它們？

□你是否鼓勵他人向你傾吐憂慮，尋求安慰？

□你是否會從日常經驗中記取那些對你個人精進有所幫助的教訓或影響？

□你的存在通常會對其他人有負面影響嗎？

□其他人的什麼習慣最讓你惱怒？

□你總是有自己的定見？還是經常被他人影響？

□你是否知道如何建立能保護自己不受負面影響的心智狀態？

□你的工作讓你抱有信念和希望嗎？

□你是否有足夠的精神力量，讓自己的心智免於所有形式的**恐懼**？

□你所信仰的宗教，是否可以幫助你保持正面的心智？

□你是否覺得自己有責任去分擔他人的憂慮？是的話，原因是為什麼？

□你是否相信「物以類聚」的道理？從你吸引來的朋友判斷，你對自己瞭解了什麼？

□你最常來往的那些人和你生活中的不愉快經驗，兩者之間是否有任何關係？

□有沒有可能某個你認為他是朋友的人，事實上卻是對你最有害的敵人，因為他會對你的心智產生負面影響？

□你用什麼原則來判定誰對你有幫助，誰對你有害處？

□你熟識的友人，在心智能力上是優於你或不如你？

□一天二十四小時，你分別花多少時間在以下的選項：1.工作，2.睡眠，3.休閒娛樂，4.吸收有用的知識，5.耍廢

□你熟識的友人中，1.最常鼓勵你的是誰？2.最常告誡你的是誰？3.最常洩你氣的是誰？4.透過任何方式幫忙，最挺你的是誰？

□你最憂慮的事情是什麼？你為什麼願意忍受它？

□當其他人主動慷慨地提供你忠告，你是毫無疑慮地接受，還是會謹慎地分析他們的動機？

□你凌駕所有一切、最大的**渴望**是什麼？你是否想要實現它？你是否願意把所有其他的渴望，都排在這個最大渴望的底下？你每天花多少時間努力實現這個渴望？

□你是不是經常改變自己的心意？是的話，原因是為什麼？

□你做事是否通常有始有終？

□你是不是很容易因為一個人的職稱、學位或財產，而留下特別深刻的印象？

□你是不是很容易被別人對於你的想法或看法所影響？

□你是否會因為一個人的社會或經濟地位而迎合他？

□你認為當今世上最偉大的人是誰？你之所以尊敬他，是因為他在哪個地方勝過你？

□你花了多少時間細看及回答上述這些問題？（分析和回答這整個問題清單至少需要一天。）

如果你已經誠實地回答了以上所有的問題，你就會比大多數人更加瞭解自己。請仔細地研究這些問題，用數個月的時間，每個星期重做一次這樣的自我評量，只要你每一次都誠實地回答這些問題，你會很訝異地發現你對自己的瞭解有大幅度的提升。如果對某些問題的答案不是那麼確定，那麼請找一位認識你夠深的人尋求意見，尤其是那些不需要對你阿諛奉承的人，你可以從他們的眼中審視自己。這項經驗將會令你大感驚奇。

你唯一能掌控的是……

你唯一擁有**絕對主控權**的事情，就是你的意念。這是所有對人類來說，最重要、最鼓舞人心的一件已知事實！它反映了人類的神性本質，這項本質是一種特權，是一個人能夠掌控自己命運唯一的方法。如果你無法掌控自己的心智，或許可以確定你也無法掌控其他任何事物。

如果你一定要對自己所擁有的資產漫不經心，最好不費心的是物質的資產。**你的心智就是你的精神資產！**你必須保護它，並善加運用，才不辜負這項神聖的權利。你已經被賦予了執行這項任務的**意志力**。

遺憾的是，並沒有立法禁止任何人刻意謀劃或無意間以負面暗示毒害他人的心智。這種破壞行為應該予以嚴懲，因為它可能經常破壞一個人取得財產的機會，而這些是經法律所保障的。

抱持負面心智的人試圖勸退湯瑪斯．愛迪生，說他無法打造一台能夠記錄和再現人類聲音的機器，「因為」他們說：「從未有人製造出這樣的一台機器。」愛迪生不理會他們。他知道他可以**打造出心智能夠想像得到、並深信的任何事**

物，就是這項認知讓偉大的愛迪生得以突出於世俗間大多數的泛泛之輩。

抱持負面心智的人告訴弗蘭克．溫菲爾德．伍爾沃斯，如果他想要經營一家販賣廉價商品的五分錢商店，那麼將會「破產」。他和愛迪生一樣，也不相信這些人。他知道憑藉自己的心智，只要抱持信念作為支持計畫的後盾，他可以做任何自己想做的事。因為甩開了那些負面暗示，伍爾沃斯累積了超過一億美金的財富。

抱持負面心智的人告訴喬治．華盛頓，他無法奢望能夠戰勝具備龐大優勢軍力的大英帝國，但是他行使了自己被賦予的神聖權利而**深信不疑**，這本書才能在星條旗的保護下出版，而康沃利斯侯爵這個名字早已被遺忘。

當亨利．福特在底特律的大街上，首次將他打造的那輛簡陋的汽車試驗上路時，許多抱持疑問的人們都嗤之以鼻。有些人說這個東西絕對不實用，有些人則說沒有人會願意掏錢出來買這個奇怪的玩意兒。**但福特說：「我會讓這輛安全可靠的汽車在陸地上奔馳。」**而他也真的做到了！他決定相信自己的判斷，這為他日後累積了五代子孫都揮霍不完的龐大財富。所以，想要追求龐大財富的人必須記住一點，亨利．福特和那些為他工作的十幾萬人唯一不同的地方，就是**福特擁有堅定的心智，還能加以掌控，而其他人並未嘗試去掌控自己的心智。**

這本書一再提到亨利．福特，因為他是最令人驚奇的典範，證明一個人以意志力掌控自我心智，能夠達到偉大的成就。他留下的事蹟，打破了長久以來老掉牙的藉口，就是「我沒有得到機會。」福特先生不曾有過什麼機會，但**他爲自己創造了機會，並且以堅持不懈的努力作爲後盾，直到自己比克羅伊斯國王還要富有。**

掌控心智是養成自律習慣後的成果。如果不是你掌控它，反過來就是被它掌控。沒有什麼只被掌控一半的妥協空間。要掌控心智最實際的方法，就是以一項明確的計畫為根據，養成致力實現一個明確目標的習慣。你可以研究一下那些取得重大成就的任何成功人士，就會發現他們都能夠掌控自己的心智，再者，他們會運用這項掌控心智的能力，引導自己踏上達成明確目標的道路。如果沒有這項掌控力，成功將是緣木求魚。

最常使用的藉口

無法成功的人有一項鮮明的共通特點，就是他們有失敗的一切理由，他們深信不已，用來辯解自己為何沒能成功。

這些辯解當中有部分非常巧妙，有些甚至有事實可以證明。但不論有沒有道理，這些辯解畢竟都無法變成金錢財富。人們唯一在乎的只有：**你有所成就了嗎？**

有位性格分析師收集了一份最常被使用的藉口清單。在你研讀這份清單時，請仔細地查核自我，確認哪些是你常用的託辭。同時也請記得，本書所說明的成功學，不接受這份清單上的各項託辭。

□如果我沒有老婆和家人……

□如果我有足夠的「魅力」……

□如果我有錢……

□如果我有接受良好的教育……

□如果我能夠得到一份工作……

□如果我的健康良好……

□如果我有時間……

□如果時機好一點……

□如果其他人瞭解我……

□如果情況不一樣……

□如果我的人生可以重來一遍……

□如果我不害怕「**他們**」怎麼說……

□如果我曾有一次機會……

□如果我現在有機會……

□如果其他人不總是「跟我過不去」……

□如果沒有碰到那些阻礙……

□如果我再年輕一點……

□如果我可以做自己想做的事……

□如果我生來就很富有……

□如果我可以遇到「對的人」……

□如果我擁有某些人的才華……

□如果我勇敢地堅持自己的立場……

□如果我可以抓住過去的機會……

□如果人們沒有惹怒我……

□如果我不需要養家還要照顧小孩……

□如果我能夠存一點錢……
□如果老闆欣賞我……
□如果有某個人來幫助我……
□如果我的家人瞭解我……
□如果我住在一座大都市……
□如果我可以開始行動……
□如果我有空……
□如果我有某些人的性格……
□如果我沒那麼胖……
□如果有人知道我的才華……
□如果我可以碰到一個好的「機會」……
□如果我可以擺脫負債……
□如果我沒有失敗……
□如果那時我知道怎麼做……
□如果不是每個人都反對我……
□如果我沒有那麼多顧慮……

□如果我可以和「對的人」結婚……
□如果人們不是這麼愚蠢……
□如果我的家人不是這麼揮霍無度……
□如果我可以肯定自己……
□如果不是我運氣不好……
□如果不是我生不逢時……
□如果「一切都是上天注定」這句話不是真的……
□如果我不需要這麼努力工作……
□如果我沒有輸錢……
□如果我住在不同的地方……
□如果我沒有這樣的「過去」……
□如果我有自己的事業……
□如果其他人願意聽我的話……
□下面這段以「如果」開頭的話語，就是最被濫用的藉口和託辭形式：如果我有勇氣正視真實的自己，我願意**找出自己的問題並改正**，這樣我就有機會從自己的錯誤中獲益，並從他人的經驗中學習，因為我知道自己的**錯**

誤，我就會有更多時間來分析自己的不足之處，而不是浪費時間找藉口來掩飾，這樣**我早就成功了**。

為失敗編織藉口可以說是一項全民消遣。這個習性的由來，就和人類這個種族的歷史一樣悠久，而且對追求**成功具有致命傷**！為什麼人們會如此擅長依賴這些託辭？答案應該顯而易見，因為藉口是**他們編造出來的**！一個人會為自己編造的藉口發揮想像力，而人類的天性就是會保護自己的想法。

編造藉口是一項根深蒂固的習性，而這種積習是很難打破的，尤其他們為自己的行為提供了自認為正當的辯解理由。柏拉圖曾一語道破這項事實：「最重要且最大的勝利，就是戰勝自己。被自己打敗，是世上最卑鄙、最可恥的事情。」

另一位抱持同樣理念的哲學家則說道：「當我發現自己在其他人身上看到的醜陋一面，大部分都是我自己本性的反射，我真的感到無比震驚。」

美國作家阿爾伯特·哈伯德也說道：「為何人們會花這麼多的時間，刻意地編織一堆用來欺騙愚弄自己的藉口，就為了掩飾自己的軟弱。同樣的時間都足以用來克服軟弱了，如此一來，也就不需要再編造任何藉口。」

在本書即將進入結尾之前，我想提醒大家一點：人生是一塊棋盤，而**時間**就是你的對手。如果你在行動之際躊躇猶豫，或是對迅速即時展開行動覺得無關緊要，你的棋子就會全軍覆沒了。你的對手，是無法容忍**猶豫不決**的！

以前，你也許曾經有一個合情合理的理由，無法迫使生活如你所願，但現在這個理由已經不適用了，因為你已經擁有了打開人生財富之門的**萬能鑰匙**。

這把無形的萬能鑰匙威力強大！它可以將你內心對財富的**熱切渴望**，賦予明確的樣貌。使用這把鑰匙不會有任何損失，但如果對它棄之不用，那你可能必須付出龐大的代價，這個代價就是失敗。如果你好好地使用這把鑰匙，就會得到比例驚人的回報，它將會讓**所有征服自己**、**強迫生命如其所願的人心滿意足**。

這項回報值得你的努力付出。你是否已經決定開始行動，確信這一切所言不虛？

流芳百世的愛默生說過一句名言：「如果有緣，我們就會相逢。」請容我借用他的思想，小小改動一下：「如果有緣，我們已經在書頁中相逢了。」

i生活 29

365天思考致富

啓動意念的力量，活出自己的人生

作　　者　拿破崙・希爾
譯　　者　蔡仲南、謝宛庭、劉大維
封面設計　兒日設計　**內文排版**　游淑萍
副總編輯　林獻瑞　　**責任編輯**　簡淑媛

社　　長　郭重興　**發行人**　曾大福
業務平台　總經理／李雪麗　副總經理／李復民
出 版 者　好人出版／遠足文化事業股份有限公司
新北市新店區民權路108之2號9樓
電話02-2218-1417#1282　傳眞02-8667-1065
發　　行　遠足文化事業股份有限公司　新北市新店區民權路108之2號9樓
電話02-2218-1417　傳眞02-8667-1065
電子信箱service@bookrep.com.tw　網址http://www.bookrep.com.tw
郵撥帳號 19504465 遠足文化事業股份有限公司
讀書共和國客服信箱：service@bookrep.com.tw
讀書共和國網路書店：www.bookrep.com.tw
團體訂購請洽業務部(02) 2218-1417 分機1124
法律顧問　華洋法律事務所　蘇文生律師
印　　製　成陽印刷股份有限公司　電話02-2265-1491

初　　版　2022年7月27日　**定價**　380元
初版三刷　2023年5月31日
ISBN　978-626-96295-3-4

國家圖書館出版品預行編目(CIP)資料

365天思考致富：啓動意念的力量,活出自己的人生／拿破崙・希爾作；蔡仲南, 謝宛庭, 劉大維譯. -- 初版. -- 新北市：遠足文化事業股份有限公司好人出版：遠足文化事業股份有限公司發行, 2022.07
400面；14.8×21公分. --（i生活；29）
譯自：Think and grow rich

ISBN　978-626-96295-3-4（平裝）

1. 職場成功法 2.自我實現 3.財富

494.35　　111010332

讀者回函QR Code
期待知道您的想法